コンパクトシリーズ 数学

微分・積分

河村哲也 著

インデックス出版

Preface

　大学で理工系を選ぶみなさんは、おそらく高校の時は数学が得意だったのではないでしょうか。本シリーズは高校の時には数学が得意だったけれども大学で不得意になってしまった方々を主な読者と想定し、数学を再度得意になっていただくことを意図しています。それとともに、大学に入って分厚い教科書が並んでいるのを見て尻込みしてしまった方を対象に、今後道に迷わないように早い段階で道案内をしておきたいという意図もあります。

　数学は積み重ねの学問ですので、ある部分でつまずいてしまうと先に進めなくなるという性格をもっています。そのため分厚い本を読んでいて、枝葉末節にこだわると読み終えないうちに嫌になるということが多々あります。このような時には思い切って先に進めばよいのですが、分厚い本だとまた引っかかる部分が出てきて、自分は数学に向かないとあきらめてしまうことになりかねません。

　このようなことを避けるためには、第一段階の本、あるいは読み返す本は「できるだけ薄い」のがよいと著者は考えています。そこで本シリーズは大学の2～3年次までに学ぶ数学のテーマを扱いながらも重要な部分を抜き出し、一冊については本文は70～90頁程度（Appendix や問題解答を含めてもせいぜい100～120頁程度）になるように配慮しています。具体的には本シリーズは

　　　微分・積分
　　　線形代数
　　　常微分方程式
　　　ベクトル解析
　　　複素関数
　　　フーリエ解析・ラプラス変換
　　　数値計算

の7冊からなり、ふつうの教科書や参考書ではそれぞれ200～300ページになる内容のものですが、それをわかりやすさを保ちながら凝縮しています。

　なお、本シリーズは性格上、あくまで導入を目的としたものであるため、今後、数学を道具として使う可能性がある場合には、本書を読まれたあともう一度、きちんと書かれた数学書を読んでいただきたいと思います。

河村 哲也

Contents

Preface ·· i

Chapter 1

種々の関数   **1**

1.1 　関　　数 ··· 1
1.2 　簡単な関数 ·· 4
1.3 　初等関数 ·· 6

Problems　Chapter 1　　15

Chapter 2

1 変数の関数の微分   **16**

2.1 　極　　限 ·· 16
2.2 　関数の連続性 ··· 19
2.3 　微分係数と導関数 ··· 21
2.4 　微分の公式 ·· 24
2.5 　高階導関数 ·· 31
2.6 　平均値の定理 ··· 32
2.7 　曲線の概形 ·· 34
2.8 　テイラーの定理 ··· 36
2.9 　関数の展開 ·· 39

Problems　Chapter 2　　43

Chapter 3

1 変数の関数の積分   **44**

3.1 　不定積分 ·· 44
3.2 　不定積分の性質 ··· 46
3.3 　典型的な関数の不定積分 ··· 50
3.4 　面積と定積分 ··· 57
3.5 　定積分の性質 ··· 59
3.6 　不定積分と定積分の関係 ··· 61
3.7 　広義積分 ·· 63
3.8 　定積分の応用 ··· 66

Problems　Chapter 3　　70

Chapter 4
多変数の関数の微分と積分 　　**71**

4.1　多変数の関数 ……………………………………… 71
4.2　偏導関数 ……………………………………………… 72
4.3　高次の偏導関数 ……………………………………… 74
4.4　合成関数の微分法 …………………………………… 75
4.5　多変数のテイラー展開 ……………………………… 76
4.6　全　微　分 …………………………………………… 78
4.7　偏微分法の応用 ……………………………………… 79
4.8　条件付き極値問題 …………………………………… 81
4.9　2 重積分 ……………………………………………… 85
4.10　2 重積分の性質 …………………………………… 86
4.11　2 重積分の計算法 ………………………………… 87
Problems　Chapter 4　　91

Appendix A
べき級数 　　**92**

A.1　無限級数 …………………………………………… 92
A.2　べき級数 …………………………………………… 95

Appendix B
問題略解 　　**99**

Chapter 1 ……………………………………………… 99
Chapter 2 ……………………………………………… 101
Chapter 3 ……………………………………………… 103
Chapter 4 ……………………………………………… 105

Chapter 1

種々の関数

1.1 関　　数

　2つの変数 x, y が関連づけられており，x を決めたときそれに応じて y が決まるとき，y は x の**関数**であるといいます．このうち，x のように値を変化させる変数を**独立変数**とよび，独立変数の変化に応じて値の決まる変数を**従属変数**とよんでいます．数学で関数といった場合には，必ずしも式で表される必要はないのですが，本書では式で表される関数のみを考察の対象とします．

　y が x の関数である場合に，

$$y = f(x) \tag{1.1.1}$$

と記します．ここで，f という文字は本質ではなく，何であっても同じです．慣れないうちは少し奇異に感じられるかもしれませんが，式（1.1.1）を

$$y = y(x) \tag{1.1.2}$$

と書くこともあります．これは式（1.1.1）と同じ意味をもっています．変数 x がある特定の値 a をとったとき y も特定の値になりますが，この特定の値を $f(a)$ と記します．

Example 1.1.1

　$f(x) = x\sqrt{1-x^2}$ のとき，$f(1/2)$, $f(1-2a)$ を求めなさい．

[Answer]

$$f(1/2) = (1/2)\sqrt{1-(1/2)^2} = (1/2)\sqrt{3/4} = \sqrt{3}/4$$

$$f(1-2a) = (1-2a)\sqrt{1-(1-2a)^2} = (1-2a)\sqrt{4a-4a^2}$$

$$= 2(1-2a)\sqrt{a-a^2}$$

関数 $y = f(x)$ を視覚化するには，座標平面を用意して，いろいろな x に対して $f(x)$ を計算し，$(x, f(x))$ を座標平面上にプロットします．このような図を関数 $y = f(x)$ の**グラフ**といいます．

Example 1.1.1 でとりあげた関数のグラフを描くことを考えてみます．この場合は，根号内は負にはなれないということに注意する必要があります．したがって，x は

$$1 - x^2 \geqq 0 \quad より \quad -1 \leqq x \leqq 1$$

の範囲の値をとります．このよう
に関数によっては x の範囲に制限
がつくことがあり，この x の範囲
を関数 $y = f(x)$ の**定義域**といい
ます．さらに，x が定義域内を変
化した場合の y のとり得る範囲を
値域といいます．**図 1.1.1** にこの
関数のグラフを示しますが，図か
らもわかるように値域は

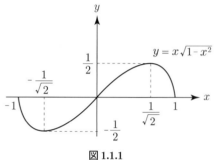

図 1.1.1

$$-\frac{1}{2} \leqq y \leqq \frac{1}{2}$$

になります．

一方，式 (1.1.1) の定義域と値域はすべての実数です．

$y = f(x)$ のグラフが与えられているとき以下のグラフは（　）内の意味をもっています．

(a)　$y = -f(x)$ 　　　　　　（x 軸に関して折り返したグラフ）

(b)　$y = f(-x)$ 　　　　　　（y 軸に関して折り返したグラフ）

(c)　$y = -f(-x)$ 　　　　　（x 軸と y 軸に関して折り返したグラフ）

(d)　$y = f(x-c)+d$ 　　　　（右に c，上に d 移動させたグラフ）

なぜなら（a）については任意の a に対して点 $(a, f(a))$ と点 $(a, -f(a))$ は x 軸に関して対称であるからです．（b）については $f(x)$ の $x = a$ における関数値と $f(-x)$ の $x = -a$ における関数値が等しいからです．（c）は（a）

と（b）を合わせたもので，これはまた原点に関して 180°回軸したグラフともいえます．（d）は $y = f(x-c) + d$ の $x = a+c$ における関数値が $y = f(x)$ の $x = a$ における関数値に d を加えたもの等しいからです．

関数 $y = f(x)$ は x と y の間の対応関係を与えるため，y を与えて x を決める関係とみなすことも可能です．このことは $y = f(x)$ を x について解いた式を $x = f^{-1}(y)$ と記せばはっきりします．この式の x と y を入れ替えた式

$$y = f^{-1}(x) \tag{1.1.3}$$

を $y = f(x)$ の逆関数といいます．

x と y の入れ換え，すなわち，任意の (x_0, y_0) を (y_0, x_0) にする操作は，**図 1.1.2** に示すようにもとの関数上の点を $y = x$ という直線に関して対称の位置に対応させるという操作になっています．

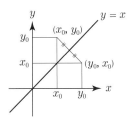

図 1.1.2

したがって $y = f(x)$ との関係は

(e)　$y = f^{-1}(x)$　（$y = f(x)$ を $y = x$ に関して折り直したグラフ）

となります．

逆関数の性質として，上述の $y = x$ に関する対称性のほかに，

$$x = f(f^{-1}(x)) \tag{1.1.4}$$

$$x = f^{-1}(f(x)) \tag{1.1.5}$$

があります．このことは以下のことから明らかです．

$y = f(x)$ ならば　$x = f^{-1}(y) = f^{-1}(f(x))$

$y = f^{-1}(x)$ ならば　$x = f(y) = f(f^{-1}(x))$

また $F(x) = f^{-1}(x)$ とおけば $f(x) = F^{-1}(x)$ になります．すなわち，逆関数の逆関数はもとの関数になります．このことは，逆関数はもとの関数の x と y を入れ換えを行い，逆関数の逆関数はもう一度 x と y を入れ換えるためもとにもどること，あるいは $f(x)$ を $y = x$ に関して折り返したものが $F(x)$ であるため，$F(x)$ をもう一度 $y = x$ に関して折り返すと，もとの $f(x)$（$= F^{-1}(x)$）に戻ることからもわかります．

■**特殊な関数**

関数 $f(x)$ に対して

$$f(x) = f(-x)$$

が成り立つとき $f(x)$ は偶関数であるといいます．たとえば，$f(x) = x^2$ は**偶関数**です．一方，

$$f(-x) = -f(x)$$

となる場合を**奇関数**といいます．たとえば，$f(x) = x/2$ や $f(x) = x^3$ は奇関数です．関数の性質①，②から偶関数は y 軸に関して対称であり，奇関数は原点に関して対称になります．

関数 $f(x)$ に対して，ある定数 c が存在して，任意の x について

$$f(x) = f(x + c) \tag{1.1.6}$$

が成り立つとき，$f(x)$ は周期 c の周期関数といいます．$y = f(x + c)$ は $c > 0$ のとき関数の性質④で $d = 0$ とおいて $y = f(x)$ を $-c$ だけ右に平行移動した関数になります．すなわち式（1.1.6）は，$f(x)$ を c だけ左に平行移動した関数ともとの関数 $f(x)$ が一致するため，周期 c をもちます．

1.2　簡単な関数

もっとも簡単な関数に **1 次関数**

$$y = ax + b \tag{1.2.1}$$

があります．ここで a と b は定数で，a が傾き（正ならば右上がり，負ならば右下がり），b は y 軸との交点を表します（**図 1.2.1(a)**）．

次に **2 次関数**

$$y = ax^2 + bx + c \quad (a \neq 0) \tag{1.2.2}$$

は

$$y = a\left(x + \frac{b}{2a}\right)^2 + c - \frac{b^2}{4a}$$

と変形できます．そこでグラフを描くには，放物線 $y = ax^2$ を右に $-b/2a$，上に $c - b^2/4a$ 移動させます．すなわち，頂点が $(-b/2a,\ c - b^2/4a)$ の放物線になります．（**図 1.2.1(b)**）

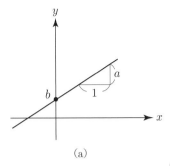

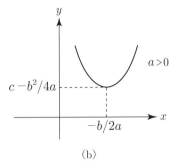

(a)   (b)

図 1.2.1

1 次式の割り算の形をした関数

$$y = \frac{ax + b}{cx + d} \quad (ad - bc \neq 0) \tag{1.2.3}$$

もよく現れます. 式 (1.2.3) は

$$y = \frac{(bc - ad)/c^2}{x + (d/c)} + \frac{a}{c}$$

と変形できるため, $Y = A/X$（ただし $X = x + (d/c)$, $Y = y - (a/c)$, $A = (bc - ad)/c^2$）という関数が基本になります. これは, **図 1.2.2(a)** に示すような形をしており, $x = -d/c$, $y = a/c$ という漸近線をもちます.

最後に**無理関数**の一例である

$$y = \sqrt{x} \tag{1.2.5}$$

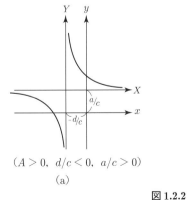

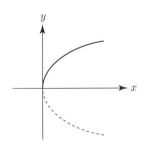

$(A > 0, \ d/c < 0, \ a/c > 0)$

(a)   (b)

図 1.2.2

を考えます．根号内は負にはなれないので定義域は $x \geqq 0$ です．また，右辺は負ではないため，値域も $y \geqq 0$ です．この関数は $y = x^2$ の逆関数のひとつ（もうひとつは $y = -\sqrt{x}$ ）であるため，グラフは $y = x^2$ の $x > 0$ の部分を $y = x$ に関して折り返したものになります（**図 1.2.2(b)** 参照）．なお，$y = x^2$ の $x < 0$ の部分を $y = x$ に関して折り返したものは関数 $y = -\sqrt{x}$ です．

1.3　初等関数

（1）指数関数

x が実数の場合の関数

$$f(x) = a^x \quad (a > 0) \tag{1.3.1}$$

を，x が有理数のときべき乗と一致するような連続関数（後述）として定義します．式(1.3.1) を指数関数といいます．**指数関数**に対して**指数法則**

$$a^x a^y = a^{x+y}, \quad (a^x)^y = a^{xy} \tag{1.3.2}$$

が成り立ちます．ただし，x と y は実数です．

　図 1.3.1 は $y = a^x$ のグラフを，$a > 1$ と $0 < a < 1$ について描いたもので，それぞれ単調増加関数と単調減少関数になっています．

　よく用いられる指数関数として，$a = e$ にとったものがあります[*1]．ここで e は

$$e = \lim_{n \to \infty} \left(1 + \frac{1}{n}\right)^n \left(= 2.718281828459\cdots\right) \tag{1.3.3}$$

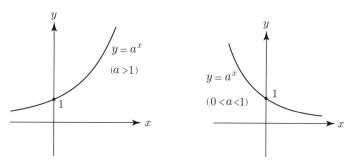

図 1.3.1

[*1]　このとき e^x となりますが，これを $\exp x$ と書くことがあります．

で定義される数で，π のような**超越数**です．なお，$a_n = (1 + 1/n)^n$ とおくと $a_n < a_{n+1}$ であり，また，任意の n に対して $a_n < 3$ が成り立つことが示せるため，a_n は有界な単調増加数列であり極限値（後述）をもちます[*2]．

（2）対数関数

　指数関数 $y = a^x$（ただし $a > 0$）の逆関数を**対数関数**とよび，

$$y = \log_a x \tag{1.3.4}$$

と記します．ここで a を対数関数の底とよんでいます．特に底が 10 のとき**常用対数**とよび，また底が e のとき**自然対数**とよびます．自然対数ではふつう e を省略するか，別の記号 $\ln$ を用いて

$$y = \log x, \quad y = \ln x \tag{1.3.5}$$

と記します．

　式 (1.1.4)，(1.1.5) において f として対数関数または指数関数を用いれば

Point
$$\log_a a^x = x, \quad a^{\log_a x} = x \tag{1.3.6}$$

が成り立ちます．特に底を e にとれば

$$\log e^x = x, \quad e^{\log x} = x \tag{1.3.7}$$

となります．式 (1.3.6) の第 1 式で x のかわりに $x + y$ とすれば

$$\log_a a^x a^y = \log_a a^{x+y} = x + y = \log_a a^x + \log_a a^y$$

が成り立ち，$a^x = X,\ a^x = Y$ とおけば

Point
$$\log_a XY = \log_a X + \log_a Y \tag{1.3.8}$$

となります．同様に

Point
$$\log_a X/Y = \log_a X - \log_a Y \tag{1.3.9}$$

も成り立ちます．

[*2]　有界な単調増加数列は収束することが知られています．

さらに**底の変換公式**とよばれる次の公式,

Point

$$\log_a b = \frac{\log_c b}{\log_c a} \tag{1.3.10}$$

も成り立ちます.

なぜなら $a = c^A$, $b = c^B$ とおくと, $c = a^{1/A}$ であるため, $b = a^{B/A}$ となり, この式と $A = \log_c a$, $B = \log_c b$ から

$$\log_c b / \log_c a = B/A = \log_a a^{B/A} = \log_a b$$

となるからです.

式 (1.3.10) から

$$\log_a x = \frac{\log_x x}{\log_x a} = \frac{1}{\log_x a}$$

という関係が得られます. したがって, 任意の実数 p に対して

$$\log_a x^p = \frac{\log_x x^p}{\log_x a} = \frac{p}{\log_x a} = p \log_a x$$

が成り立ちます.

対数関数のグラフは指数関数のグラフを $y = x$ に関して折り返したものなので, 図 1.3.1 を参照して, **図 1.3.2** のようになります. なお, 対数関数の定義域は $x > 0$ です.

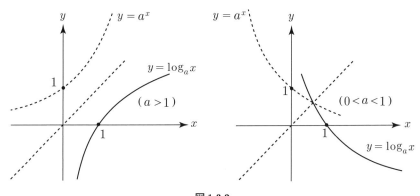

図 1.3.2

（3） 双曲線関数

指数関数 e^x と e^{-x} から**双曲線関数**と総称される一連の関数が以下のように定義されます.

$$\cosh x = \frac{e^x + e^{-x}}{2}, \quad \sinh x = \frac{e^x - e^{-x}}{2}$$

$$\tanh x = \frac{\sinh x}{\cosh x} = \frac{e^x - e^{-x}}{e^x + e^{-x}}, \quad \left(\coth x = \frac{1}{\tanh x}\right) \tag{1.3.11}$$

これらの定義から次の関係式が得られます.

$$\cosh(-x) = \cosh x, \quad \sinh(-x) = -\sinh x, \quad \tanh(-x) = -\tanh x \tag{1.3.12}$$

すなわち, $\cosh x$ は偶関数, $\sinh x$ と $\tanh x$ は奇関数です.

双曲線関数に対して以下の性質が成り立つことは,定義から簡単に確かめることができます.

$$\cosh^2 x - \sinh^2 x = 1 \tag{1.3.13}$$

$$\cosh(x + y) = \cosh x \cosh y + \sinh x \sinh y \tag{1.3.14}$$

$$\sinh(x + y) = \sinh x \cosh y + \cosh x \sinh y \tag{1.3.15}$$

たとえば式（1.3.13）は

$$\cosh^2 x - \sinh^2 x = \frac{(e^x + e^{-x})^2}{4} - \frac{(e^x - e^{-x})^2}{4} = 1$$

から明らかです. 式（1.3.13）で $X = \cosh x, \ Y = \sinh x$ とおくと $X^2 - Y^2$

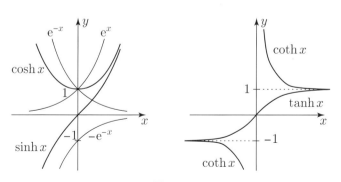

図 1.3.3

＝1という双曲線になります．すなわち（$\cosh x$, $\sinh x$）が双曲線上にあることが名前の由来です．また，式 (1.3.14), (1.3.15) は三角関数と類似の関係であるため，双曲線関数を表すのに三角関数と似た記号を用います．

（4）　三角関数

図 **1.3.4(a)** に示すように xy 平面に半径 1 の円を考えます．円周上の 1 点 P の x 座標と y 座標は x 軸と線分 OP のなす角度 θ （ラジアン）の関数になります．このとき，

$$x = \cos\theta, \quad y = \sin\theta \tag{1.3.16}$$

と書くことにして，$\cos\theta$ を**余弦関数**（コサイン），$\sin\theta$ を**正弦関数**（サイン）といいます．この定義から，三角関数は円関数ともよばれます．またピタゴラスの定理から

$$\cos^2\theta + \sin^2\theta = 1$$

も成り立ちます．また図から $\cos\theta$ は偶関数，$\sin\theta$ は奇関数です．

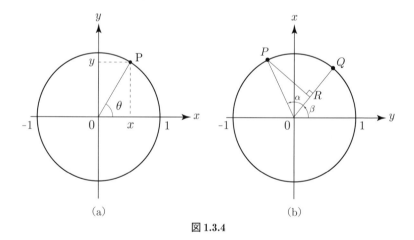

図 **1.3.4**

　半径 1 の円周上において角度 θ の点と $\theta + 2n\pi$ （n は整数）の点は同じ点を表すため，

$$\cos\theta = \cos(\theta + 2n\pi) \ (= x), \quad \sin\theta = \sin(\theta + 2n\pi) \ (= y) \tag{1.3.17}$$

が成り立ちます．したがって，正弦関数と余弦関数は周期 2π の周期関数です．

三角関数に対して加法定理とよばれる

$$\sin(\alpha + \beta) = \sin\alpha\cos\beta + \cos\alpha\sin\beta \tag{1.3.18}$$

$$\cos(\alpha + \beta) = \cos\alpha\cos\beta - \sin\alpha\sin\beta \tag{1.3.19}$$

が成り立ちます.

なぜなら $\sin(\alpha + \beta)$ と $\cos(\alpha + \beta)$ は**図 1.3.4(b)** において点 P の座標になります. 点 Q は角 β に対する円周上の点であるので, その座標は $(\cos\beta,\ \sin\beta)$ です. 点 R は $\overrightarrow{OQ}$ 上の点で $\overrightarrow{OR}$ の長さは $\cos\alpha$ であるため, その座標 (ベクトル $\overrightarrow{OR}$) は $(\cos\alpha\cos\beta,\ \cos\alpha\sin\beta)$ です. ベクトル $\overrightarrow{RP}$ は $\overrightarrow{OQ}$ に垂直であるため, 方向は $(\cos(\beta + \pi/2),\ \sin(\beta + \pi/2)) = (-\sin\beta,\ \cos\beta)$ 方向を向いています. 一方, $\overrightarrow{RP}$ の長さは $\sin\alpha$ であるため, ベクトル $\overrightarrow{RP}$ は $(-\sin\alpha\sin\beta,\ \sin\alpha\cos\beta)$ となります. $\overrightarrow{OP} = \overrightarrow{OR} + \overrightarrow{RP}$ であるので, この式の両辺の x 成分と y 成分を比較すれば式 (1.3.18) と式 (1.3.19) が得られます.

次に cos が偶関数, sin が奇関数であることから

$$\sin(\alpha - \beta) = \sin(\alpha + (-\beta)) = \sin\alpha\cos(-\beta) + \cos\alpha\sin(-\beta)$$
$$= \sin\alpha\cos\beta - \cos\alpha\sin\beta$$

すなわち

$$\sin(\alpha - \beta) = \sin\alpha\cos\beta - \cos\alpha\sin\beta \tag{1.3.20}$$

となり, 同様にして

$$\cos(\alpha - \beta) = \cos\alpha\cos\beta + \sin\alpha\sin\beta \tag{1.3.21}$$

が得られます. 以上の公式から

$$\sin\alpha\cos\beta = \frac{1}{2}\left\{\sin(\alpha + \beta) + \sin(\alpha - \beta)\right\} \tag{1.3.22}$$

$$\cos\alpha\sin\beta = \frac{1}{2}\left\{\sin(\alpha + \beta) - \sin(\alpha - \beta)\right\} \tag{1.3.23}$$

$$\cos\alpha\cos\beta = \frac{1}{2}\left\{\cos(\alpha + \beta) + \cos(\alpha - \beta))\right\} \tag{1.3.24}$$

$$\sin\alpha\sin\beta = -\frac{1}{2}\left\{\cos(\alpha + \beta) - \cos(\alpha - \beta))\right\} \tag{1.3.25}$$

が成り立ちます (積和の公式). 加法定理において $\beta = \alpha$ とおけば

Point

$$\sin 2\alpha = 2 \sin \alpha \cos \alpha \tag{1.3.26}$$

$$\cos 2\alpha = 2 \cos^2 \alpha - 1 = 1 - 2 \sin^2 \alpha = \cos^2 \alpha - \sin^2 \alpha \tag{1.3.27}$$

となります．これらを，**2 倍角の公式**とよんでいます．2 倍角の公式において，α のかわりに $\alpha/2$ を用いれば

$$\sin^2 \frac{\alpha}{2} = \frac{1 - \cos \alpha}{2}, \quad \cos^2 \frac{\alpha}{2} = \frac{1 + \cos \alpha}{2} \tag{1.3.28}$$

が成り立ちますが．これを**半角の公式**といいます．

正弦関数と余弦関数をもとにしていくつかの関数が定義されます．すなわち，

$$\tan\theta = \sin\theta/\cos\theta \quad (\textbf{正接関数，}タンジェント) \tag{1.3.29}$$

$$\cot\theta = \cos\theta/\sin\theta \quad (コタンジェント) \tag{1.3.30}$$

$$\sec\theta = 1/\cos\theta \quad (セカント) \tag{1.3.31}$$

$$\mathrm{cosec}\theta = 1/\sin\theta \quad (コセカント) \tag{1.3.32}$$

これらの関数と正弦関数，余弦関数を総称して**三角関数**といいます．

正弦関数，余弦関数，正接関数を図示したものが**図 1.3.5** です．

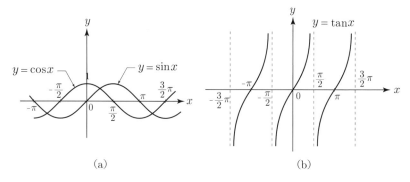

(a)　　　　　　　　　　　　　　(b)

図 **1.3.5**

（5） 逆三角関数

　前節で述べた三角関数の逆関数を**逆三角関数**と総称しています．また，個々にはたとえば，正弦関数の逆関数を逆正弦関数などと，「逆」をつけて表現します．式で表す場合は，$\sin^{-1}x$ など，-1 を上添字としてつけるか，$\arcsin x$ のように三角関数の前に arc という文字をつけます．

　たとえば，$\sin^{-1}(1/2)$ は $\sin\theta = 1/2$ を満たす θ のことであり，すぐ後に述べるように無数にありますが，そのひとつは $\pi/6$ です．

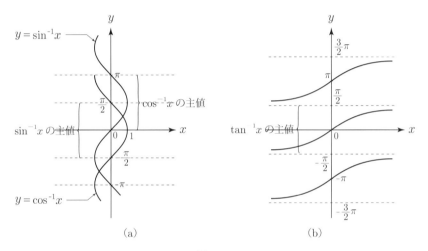

図 1.3.6

　1.1 節で述べた逆関数の性質から，逆関数のグラフはもとの関数のグラフを直線 $y = x$ に関して折り返したものになっています．したがって，$y = \sin^{-1}x$，$y = \cos^{-1}x$ および $y = \tan^{-1}x$ のグラフは**図 1.3.6** に示したようになります．この図から明らかなように 1 つの x に対して無数の y が存在します．このような関数を多価関数（無限多価関数）といいますが，逆三角関数はその一例になっています．そこで，逆三角関数に対してどの値をとるかを一通りに決めておかないと不便なことが多いので，たとえば $y = \sin^{-1}x$ に対しては図 1.3.6 を参照して，y の値を

$$-\frac{\pi}{2} \leqq \sin^{-1} x \quad (= y) \leqq \frac{\pi}{2} \quad (-1 \leqq x \leqq 1)$$

のように制限すれば，x に対して一通りに y の値が定まります．このように制限した逆正弦関数の値を逆正弦関数の**主値**といいます．同様に他の逆三角関数に対しても以下のように主値が定められています．

$$0 \leqq \cos^{-1} x \leqq \pi \quad (-1 \leqq x \leqq 1)$$
$$-\frac{\pi}{2} < \tan^{-1} x < \frac{\pi}{2} \quad (-\infty < x < \infty)$$
$$0 < \cot^{-1} x < \pi \quad (-\infty < x < \infty)$$

なお，$y = \cot^{-1} x$ のグラフは $y = \tan^{-1} x$ のグラフを上に $\pi/2$ 平行移動し，y 軸に関して折り返したものになります．主値をとるとき $y = \sin^{-1} x$ と $y = \tan^{-1} x$ は単調増加関数であり，$y = \cos^{-1} x$ と $y = \cot^{-1} x$ は単調減少関数です．

Example 1.3.1

$\sin^{-1} x$ が主値をとるとき次式を示しなさい．

$$\cos\,(\sin^{-1} x) = \sqrt{1 - x^2}$$

[Answer]

三角関数の性質から

$$\{\sin(\sin^{-1} x)\}^2 + \{\cos(\sin^{-1} x)\}^2 = 1$$

ここで $\sin(\sin^{-1} x) = x$ であるので

$$\cos\,(\sin^{-1} x) = \pm\sqrt{1 - x^2}$$

となります．$-\pi/2 \leqq \sin^{-1} x \leqq \pi/2$ の範囲でコサインは正なので正の符号をとります．

1. 次の方程式を解きなさい.

   (a) $9^x - 10 \cdot 3^x + 9 = 0$

   (b) $8^{2x+3} = 2^{3x+5}$

   (c) $3^x + 3^y = 10/3, \ 3^{x+y} = 1$

2. 次の問いに答えなさい.

   (a) $\log_3 6$, $\log_5 10$, $3/2$ を大きい順にならべなさい.

   (b) $\log_2(x-1) + \log_2(5-x)$ の最大値を求めなさい.

3. 次の問いに答えなさい.

   (a) $\sin x + \sqrt{3}\cos x = 2$ を満たす x を求めなさい.

        ただし, $0 \leqq x < 2\pi$ とします.

   (b) $\tan(x/2) = \dfrac{1 + \sin x - \cos x}{1 + \cos x + \sin x}$ を証明しなさい.

4. 次式の値を計算しなさい.

   (a) $\sin^{-1}x + \cos^{-1}x$

   (b) $\tan^{-1}x + \tan^{-1}(1/x)$

   (c) $\tan^{-1}(1/2) + \tan^{-1}(1/3)$

5. $\cosh x$ と $\tanh x$ の逆関数を求めなさい.

Chapter 2

1 変数の関数の微分

2.1 極　　限

　関数 $y = f(x)$ に対して，x が限りなく a に近づくとき，y が限りなく b に近づくとします．このとき，関数 $f(x)$ は極限値 b をもつといい，

$$x \to a \ \text{のとき,} \quad f(x) \to b \tag{2.1.1}$$

または

$$\lim_{x \to a} f(x) = b \tag{2.1.2}$$

で表します．

　x が限りなく大きくなるとき，$f(x)$ が b に限りなく近づく場合は式(2.1.2)で $a = \infty$ と書き，x が負でその絶対値が限りなく大きくなるとき，$f(x)$ が b に限りなく近づく場合は式(2.1.2) で $a = -\infty$ と記します．さらに x が限りなく a に近づくとき，$f(x)$ が限りなく大きくなれば，$b = \infty$，$f(x)$ が負でその絶対値が限りなく大きくなれば $b = -\infty$ と書きます．

　極限についての注意事項を 2 つ挙げておきます．

　1 つは，式(2.1.2) の b と $f(a)$ の値は必ずしも一致している必要はないということです．式(2.1.2) はあくまで x が a に限りなく近づいたときに $f(x)$ の値がどうなるかを示しており，x が正確に a であることを示していません．ただし，特殊な場合を除いてたいてい b と $f(a)$ は等しく，もし異なっていれば式(2.1.2) の値によって $f(a)$ の値を定義し直す方が便利です．

　もう 1 つの注意事項は，式(2.1.2) において x を a に近づけるとき，近づけ方に 2 種類あるということです．すなわち，a より小さい側（左側）から近づける場合と a より大きい側（右側）から近づける場合があります．それを区別する必要がある場合には，前者と後者をそれぞれ

$$\lim_{x \to a-0} f(x) = b, \quad \lim_{x \to a+0} f(x) = b \tag{2.1.3}$$

と記します. 式(2.1.2)は式(2.1.3)の両式の値が一致する場合の書き方になっています. 一致しない例としては $x \to 0$ のときの $1/x$ があり, 左側から 0 に近づけると $-\infty$, 右側から近づけると $+\infty$ になります.

以上のように定義した関数の極限に対して以下のことが成り立ちます. すなわち

$$\lim_{x \to a} f(x) = p, \quad \lim_{x \to a} g(x) = q$$

のとき

$$\lim_{x \to a} \{f(x) + g(x)\} = p + q, \quad \lim_{x \to a} \{f(x) - g(x)\} = p - q$$

$$\lim_{x \to a} f(x)g(x) = pq, \quad \lim_{x \to a} \frac{g(x)}{f(x)} = \frac{q}{p} \quad (ただし\ p \neq 0)$$

となります. さらに

$$y = f(u), \quad u = g(x)$$

のように y が u の関数で, u が x の関数である場合

$$\lim_{x \to a} g(x) = b, \quad \lim_{u \to b} f(u) = c$$

ならば

$$\lim_{x \to a} y = c \quad \left(\lim_{x \to a} f(g(x)) = c \right)$$

になります.

これらの公式は直観的には明らかですが証明するには「限りなく近づく」ということを数学的に厳密に定義する必要があります[*1].

Example 2.1.1

次の極限値を求めなさい.

(1) $\displaystyle \lim_{x \to 1} \frac{x + 2}{x^2 + 1}$

(2) $\displaystyle \lim_{x \to 1} \frac{x - 1}{x^2 - 1}$

[*1] たとえば式(2.1.2)に対する厳密な定義は「任意の正数 ε に対して正数 δ が存在して $0 < |x - a| < \delta$ をみたすすべての x に対して $|f(x) - b| < \varepsilon$ が成り立つ」となります.

$$(3)\ \lim_{x \to 4} \frac{\sqrt{8-x}-\sqrt{x}}{x-4}$$

[Answer]

(1) については単純に $x=1$ を代入します. (2), (3) では, x の値を代入すると分母も分子も 0 になるため, 以下のような工夫が必要になります.

$$(1)\ \lim_{x \to 1} \frac{x+2}{x^2+1} = \frac{1+2}{1^2+1} = \frac{3}{2}$$

$$(2)\ \lim_{x \to 1} \frac{x-1}{x^2-1} = \lim_{x \to 1} \frac{x-1}{(x-1)(x+1)} = \lim_{x \to 1} \frac{1}{x+1} = \frac{1}{2}$$

$$(3)\ \begin{aligned} \lim_{x \to 4} \frac{\sqrt{8-x}-\sqrt{x}}{x-4} &= \lim_{x \to 4} \frac{(\sqrt{8-x}-\sqrt{x})(\sqrt{8-x}+\sqrt{x})}{(x-4)(\sqrt{8-x}+\sqrt{x})} \\ &= \lim_{x \to 4} \frac{-2(x-4)}{(x-4)(\sqrt{8-x}+\sqrt{x})} = -\frac{1}{2} \end{aligned}$$

Example 2.1.2

次の極限値を求めなさい.

$$(1)\ \lim_{x \to 0} \frac{\sin x}{x}$$

$$(2)\ \lim_{x \to 0} \frac{1-\cos x}{x^2}$$

[Answer]

(1) については幾何学的な考察から求め, (2) は (1) の結果を利用します.

(1) 図 **2.1.1** より △ OAB の面積＜扇型 OAB の面積＜△ OAC の面積 (ただし, $0 < x < \pi/2$), すなわち

$$\frac{1}{2}r^2 \sin x < \frac{1}{2}r^2 x < \frac{1}{2}r^2 \tan x$$

より, $\sin x < x < \tan x$ となり $\sin x\ (>0)$ で割って,

図 **2.1.1**

$$1 < \frac{x}{\sin x} < \frac{1}{\cos x} \quad \text{すなわち} \quad 1 > \frac{\sin x}{x} > \cos x$$

$x \to +0$ のとき，$\cos x \to 1$ より

$$\lim_{x \to 0} \frac{\sin x}{x} = 1$$

$x < 0$ のときは $x = -z$ とおけば，

$$\sin x / x = \sin z / z$$

であり，$x \to -0$ は $z \to +0$ となるため同じ結果になります．

(2) $\displaystyle \lim_{x \to 0} \frac{1 - \cos x}{x^2} = \lim_{x \to 0} \frac{2 \sin^2(x/2)}{4(x/2)^2} = \frac{2}{4} \lim_{x \to 0} \left(\frac{\sin(x/2)}{(x/2)} \right)^2 = \frac{1}{2}$

2.2 関数の連続性

関数 $y = f(x)$ がある点 $x = a$ において

$$\lim_{x \to a} f(x) = f(a) \tag{2.2.1}$$

を満たすとき，この関数 $f(x)$ は点 $x = a$ において連続であるといいます．
そして，$c < x < d$ または $c \le x \le d$ といった区間*2 に属する点すべてにおいて連続であるならば，$f(x)$ はその区間で連続であるといい，連続な関数のことを連続関数といいます．連続でないときは不連続といいます．

以下に連続関数の性質をいくつか挙げておきます．

区間 I において関数 $f(x)$, $g(x)$ は連続であるとします．このとき，同じ区間において

$$f(x) + g(x), \quad f(x) - g(x), \quad f(x)g(x), \quad \frac{f(x)}{g(x)} \quad (\text{ただし } g(x) \ne 0)$$

も連続になります．

区間 I において $u = g(x)$ が連続で，u の値域において，$y = f(u)$ が連続であるとします．このとき，区間 I において y を x の関数とみなした

---

*2 $c < x < d$ の区間を (c, d)，$c \le x \le d$ の区間を $[c, d]$ と記すことがあります．

$y = f(g(x))$ も連続になります*3.

さらに，連続関数には以下の性質があります.

> 関数 $f(x)$ が区間 $[a, b]$ で連続で，$f(a)f(b) < 0$ ならば，区間 $[a, b]$ 内で $f(c) = 0$ を満足する点 $x = c$ が少なくとも 1 つある

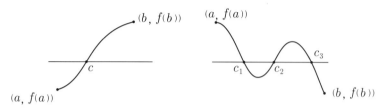

図 2.2.1

このことは図を描けば直観的に理解できます.すなわち，図 2.2.1 に示すように $f(a)$ と $f(b)$ は異符号であるため，点 $(a, f(a))$, $(b, f(b))$ は x 軸をはさんで両側にあります.一方，$f(x)$ は連続関数であるので，この関数の表す曲線は 2 点の間を切れ目なくつながっています.したがって，少なくとも 1 回は x 軸と交わりますが，その点で関数値は 0 になります.

上の性質から直ちに中間値の定理とよばれる次の定理が導けます.

> 関数 $f(x)$ が区間 $[a, b]$ において連続で，k を $f(a)$ と $f(b)$ の間にある任意の数とする.このとき，区間 $[a, b]$ 内で $f(c) = k$ を満足する点 $x = c$ が少なくとも 1 つある

なぜなら，関数 $g(x) = f(x) - k$ を考えれば，$g(a)g(b) < 0$ となるため，$g(c) = 0$ を満たす点，すなわち，$f(c) = k$ を満たす点が区間 $[a, b]$ 内で存在するからです.

---

*3　y が u の関数 $y = f(u)$ であり，また u が x の関数 $u = g(x)$ であるとします.その場合に，x の変化に応じて u が変化し，また u の変化に応じて y が変化するため，y は x の関数（合成関数）とみなせます.

2.3　微分係数と導関数

連続な関数 $y = f(x)$ を考えます. x が a から $a+h$ に変化したとき，関数の値は $f(a)$ から $f(a+h)$ に変化します．このとき y の変化分を x の変化分で割った

$$\frac{f(a+h)-f(a)}{(a+h)-a} = \frac{f(a+h)-f(a)}{h}$$

は，平均的な変化の割合となり，平均変化率とよばれます．図 **2.3.1** に示すように，平均変化率は関数を表す曲線上の 2 点 A，B を直線で結んだとき，その直線の傾きを表します．

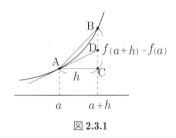

図 **2.3.1**

ここで h を 0 に近づけてみます．このとき，点 B は点 A に近づくため，平均変化率は曲線上の点 A における接線の傾きに近づき，$h \to 0$ の極限で接線の傾きに一致すると考えられます．この接線の傾きを $f'(a)$ と記すことにすれば，

$$f'(a) = \lim_{h \to 0} \frac{f(a+h)-f(a)}{h} \tag{2.3.1}$$

となります．この $f'(a)$，すなわち点 A における接線の傾きを関数 $f(x)$ の点 $x = a$ における微分係数とよんでいます[*4].

以下，ある区間で微分係数が存在する場合を考えます[*5]．そのような場合を

[*4]　図 2.3.1で点 A における接線は $y = f'(a)(x-a)+f(a)$ ですが，この接線の $x = a+h$ と $x = a$ における y 座標の差，すなわち図の CD の長さを dy と書くと $dy = f'(a)h$ となります．ここで h を dx，a を x と書くと

$$dy = f'(x)dx \tag{2.3.2}$$

となります．この dy のことを関数 $f(x)$ の微分とよぶことがあります．

[*5]　図 2.3.2(a) に示す関数は連続ですが，点 A において微分関数は存在しません．

微分可能とよびます．微分係数は接線の傾きを表し，図 **2.3.2(b)** に示すような曲線では点 A の位置が変化するとそれに応じて値も変化します．すなわち，微分係数は場所 x の関数とみなすことができます．微分係数をこのような見方をした場合，その微分係数をもとの関数の**導関数**とよび

$$f'(x), \quad \frac{df}{dx}, \quad Df$$

などの記号を用いて表します．導関数は以下の例に示すように定義式を用いて計算したあと文字を変数とみなすことにより求まります．なお，ある関数の導関数を求めることをその関数を「微分する」といいます．

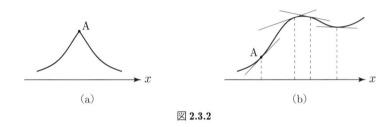

(a)　　　　　　　　　　　(b)

図 **2.3.2**

Example 2.3.1

(1) x^2, (2) x^n, (3) x^{-m} ($n,\ m$：正の整数) を定義にしたがって微分しなさい．

[**Answer**]

(1) $\dfrac{dx^2}{dx} = \lim_{h \to 0} \dfrac{(x+h)^2 - x^2}{h} = \lim_{h \to 0} \dfrac{2xh + h^2}{h} = \lim_{h \to 0}(2x + h) = 2x$

(2) 2 項定理より，

$$(x+h)^n = x^n + nx^{n-1}h + (n(n-1)/2)x^{n-2}h^2 + \cdots + h^n$$

$$\frac{dx^n}{dx} = \lim_{h \to 0} \frac{(x+h)^n - x^n}{h}$$
$$= \lim_{h \to 0} \left\{ nx^{n-1} + h(n(n-1)/2)x^{n-2} + \cdots + h^{n-1} \right\} = nx^{n-1}$$

(3) $\dfrac{dx^{-m}}{dx} = \lim\limits_{h\to 0} \dfrac{1/(x+h)^m - 1/x^m}{h} = \lim\limits_{h\to 0} \dfrac{x^m - (x+h)^m}{h(x+h)^m x^m}$

$\qquad = \lim\limits_{h\to 0}(-1)\left(\dfrac{(x+h)^m - x^m}{h}\right)\left(\dfrac{1}{(x+h)^m x^m}\right)$

$\qquad = -mx^{m-1}\dfrac{1}{x^{2m}} = -mx^{-m-1}$

　この式は，（2）において $n = -m$ としたものと一致します．すなわち，$(x^n)' = nx^{n-1}$ は n の正負を問わず，すべての整数について成立します（$n = 0$ の場合，右辺は 0 を意味しますが，x^0 は定数なので左辺も 0 になり，やはり成り立ちます）．

　このように，多くの場合は

h で割り算してから h を 0 とすればよい

のですが，この方法ではうまくいかないこともあります．

Example 2.3.2

（1）$\sin x$，（2）e^x を定義にしたがって微分しなさい．

[**Answer**]

（1）$\dfrac{d}{dx}\sin x = \lim\limits_{h\to 0}\dfrac{\sin(x+h) - \sin x}{h} = \lim\limits_{h\to 0}\dfrac{\cos(x+h/2)\sin(h/2)}{h/2}$

$\qquad = \cos x$

ただし，式（1.3.23）で $\alpha = x + h/2$，$\beta = h/2$ とした式および

$\qquad \lim\limits_{h\to 0}\dfrac{\sin(h/2)}{h/2} = 1$

（**Example 2.1.2(a)**）を用いています．

（2）$\dfrac{de^x}{dx} = \lim\limits_{h\to 0}\dfrac{e^{x+h} - e^x}{h} = e^x\lim\limits_{h\to 0}\dfrac{e^h - 1}{h}$

ここで，上式の最右辺の極限値を求めることを考えます．e の定義から $\lim\limits_{x\to 0}(1 + x)^{1/x} = e$ ですが（式（1.3.3）で $x = 1/n$ とおきます），対数関数は連続であるため

$$\lim_{x \to 0} \log(1+x)^{1/x} = \log e = 1$$

となり

$$\lim_{x \to 0} \frac{\log(1+x)}{x} = \lim_{x \to 0} \log(1+x)^{1/x} = 1$$

が成り立ちます．ここで，$\log(1+x) = h$ とおくと，$x = e^h - 1$ となり，$x \to 0$ のとき $h \to 0$ であるので，上式は

$$\lim_{h \to 0} \frac{h}{e^h - 1} = 1$$

すなわち

$$\lim_{h \to 0} \frac{e^h - 1}{h} = 1$$

となります．以上のことから $(e^x)' = e^x$ が得られます．すなわち e^x は微分しても変化しない関数になっています．

2.4　微分の公式

　本節で述べる公式を用いれば，代表的な関数の導関数を用いて，いろいろな関数の導関数を計算することができます．

（1）和と差の微分
　a，b を定数，$f(x)$，$g(x)$ を微分可能な関数とします．このとき

$$\frac{d}{dx}\{af(x) + bg(x)\} = a\frac{df}{dx} + b\frac{dg}{dx} \tag{2.4.1}$$

となります．このことは，定義を使えば

$$\begin{aligned}
\frac{d}{dx}\{af(x) + bg(x)\} &= \lim_{h \to 0} \frac{af(x+h) + bg(x+h) - af(x) - bg(x)}{h} \\
&= a\lim_{h \to 0} \frac{f(x+h) - f(x)}{h} + b\lim_{h \to 0} \frac{g(x+h) - g(x)}{h} \\
&= a\frac{df}{dx} + b\frac{dg}{dx}
\end{aligned}$$

となることからわかります．特に $a = b = 1$ または $a = 1$，$b = -1$ にとれば

$$\frac{d}{dx}\{f(x) \pm g(x)\} = \frac{df}{dx} \pm \frac{dg}{dx} \tag{2.4.2}$$

となります．また3つ以上の関数に対しても，たとえば3つの場合，すなわち $af(x)+bg(x)+ch(x)$ の場合，$af(x)+bg(x)=r(x)$ と考えて，式 (2.4.1) を繰り返して用れば

$$\frac{d}{dx}\{af(x)+bg(x)+ch(x)\} = \frac{d}{dx}\{r(x)+ch(x)\}$$
$$= \frac{dr(x)}{dx} + c\frac{dh(x)}{dx} = a\frac{df}{dx} + b\frac{dg}{dx} + c\frac{dh}{dx}$$

が成り立ちます．

（2）合成関数の微分

u が x の関数 $u=g(x)$ で，さらに y が u の関数 $y=f(u)$ であるとします．x が変化したとき，u が変化し，またそれに応じて y が変化するため，y は x の関数とみなせます．この関数を g と f の合成関数とよび，

$$z = f(g(x))$$

と記します．

Example 2.4.1

$u=(x+3)^2$, $y=2u+4$ のとき，y を x の関数で表しなさい．

[Answer]

$u=(x+3)^2$ を $y=2u+4$ に代入すれば，

$$y = 2(x+3)^2 + 4 = 2x^2 + 12x + 22$$

　合成関数 y を x で微分してみます．x が $x+h$ にわずかに変化したとき，$u=g(x)$ は $g(x+h)$ にわずかに変化し，また y も $f(g(x))$ から $f(g(x+h))$ にわずかに変化します．したがって

$$\frac{df(g(x))}{dx} = \lim_{h \to 0} \frac{f(g(x+h)) - f(g(x))}{h}$$
$$= \lim_{h \to 0} \frac{f(g(x+h)) - f(g(x))}{g(x+h) - g(x)} \frac{g(x+h) - g(x)}{h}$$

すなわち

Point

$$\frac{df(g(x))}{dx} = \frac{df}{dg}\frac{dg}{dx} = \frac{df}{du}\frac{du}{dx} \tag{2.4.3}$$

となります．式(2.4.3)を合成関数の微分法とよんでいます．

Example 2.4.2

(1) $\sinh x$, (2) $\sin(\pi/2 - x)\ (= \cos x)$, (3) $\sin x^2$ を x で微分しなさい．

[**Answer**]

(1) e^{-x} の微分は $u = -x$ とおけば $(e^{-x})' = e^u(u)' = -e^{-x}$ となります．したがって

$$(\sinh x)' = \left(\frac{e^x - e^{-x}}{2}\right)' = \frac{e^x + e^{-x}}{2} = \cosh x$$

(2) $u = \pi/2 - x$ とおけば,

$$y = \sin u$$

したがって,

$$\frac{dy}{dx} = \frac{d(\sin u)}{du}\frac{du}{dx} = \cos u \times (-1) = -\cos(\pi/2 - x) = -\sin x$$

すなわち

$$(\cos x)' = -\sin x$$

(3) $u = x^2$ とおけば,

$$y = \sin u$$

したがって,

$$\frac{dy}{dx} = \frac{d(\sin u)}{du}\frac{du}{dx} = \cos u \times 2x = 2x\cos x^2$$

（3）積と商の微分

$f(x), g(x)$ を微分可能な関数（商のときは $g(x) \neq 0$）とします．このとき，

$$(fg)' = f'g + fg' \tag{2.4.4}$$

$$\left(\frac{f}{g}\right)' = \frac{f'g - fg'}{g^2} \tag{2.4.5}$$

が成り立ちます．このことは，積の場合は

$$
\begin{aligned}
(fg)' &= \lim_{h \to 0} \frac{f(x+h)g(x+h) - f(x)g(x)}{h} \\
&= \lim_{h \to 0} \frac{f(x+h)g(x+h) - f(x)g(x+h) + f(x)g(x+h) - f(x)g(x)}{h} \\
&= \lim_{h \to 0} \left\{ \frac{f(x+h) - f(x)}{h} g(x+h) \right\} + f(x) \lim_{h \to 0} \frac{g(x+h) - g(x)}{h} \\
&= f'(x)g(x) + f(x)g'(x)
\end{aligned}
$$

のようにして示すことができます．

商については

$$
\begin{aligned}
\frac{d}{dx}\left(\frac{1}{g(x)}\right) &= \lim_{h \to 0} \frac{1}{h}\left(\frac{1}{g(x+h)} - \frac{1}{g(x)}\right) \\
&= -\lim_{h \to 0}\left\{\frac{1}{g(x)g(x+h)}\frac{g(x+h) - g(x)}{h}\right\} = -\frac{g'}{g^2}
\end{aligned}
$$

すなわち

$$\frac{d}{dx}\left(\frac{1}{g(x)}\right) = -\frac{g'}{g^2} \tag{2.4.6}$$

となるため，商を $f(x) \times 1/g(x)$ と考えて，式 (2.4.4) を使います．

Example 2.4.3

（1）xe^{2x}，（2）$\tan x$ を x で微分しなさい．

[Answer]

（1）合成関数の微分法から

$$(e^{2x})' = e^{2x}(2x)' = 2e^{2x}$$

したがって，積の微分法から

$$(xe^{2x})' = x'e^{2x} + x(e^{2x})' = e^{2x} + 2xe^{2x} = (2x+1)e^{2x}$$

（2）$\tan x = \sin x/\cos x$ と考えて商の微分法を用います.

$$\frac{d\tan x}{dx} = \frac{d}{dx}\left(\frac{\sin x}{\cos x}\right) = \frac{(\sin x)'\cos x - \sin x(\cos x)'}{(\cos x)^2}$$

$$= \frac{\cos x\cos x - \sin x(-\sin x)}{(\cos x)^2} = \frac{1}{\cos^2 x} = \sec^2 x$$

（4）逆関数の微分

$f(x)$ の逆関数 $y = f^{-1}(x)$ は定義から

$$f(y) = x$$

を満足します. そこで，上の式を x で微分すると合成関数の微分法から

$$1 = \frac{df}{dx} = \frac{df}{dy}\frac{dy}{dx} = \frac{dx}{dy}\frac{dy}{dx}$$

となります. したがって

Point

$$\frac{dy}{dx} = \frac{1}{dx/dy} \tag{2.4.7}$$

が得られます. ただし，$dx/dy \neq 0$ を仮定しています. 式(2.4.7) を逆関数の微分法といいます.

Example 2.4.4

（1）$y = \log x$，（2）$y = \sin^{-1}x$（主値）を微分しなさい.

[**Answer**]

（1）$y = \log x$ の逆関数は $x = e^y$ であり，このとき $dx/dy = e^y = x$.
したがって，

$$\frac{d(\log x)}{dx} = \frac{dy}{dx} = \frac{1}{dx/dy} = \frac{1}{x}$$

(2) $y = \sin^{-1} x$ の逆関数は $x = \sin y$ であり，このとき

$$\frac{dx}{dy} = \cos y = \sqrt{1 - \sin^2 y} = \sqrt{1 - x^2}$$

となります．ただし，主値であることを考慮しました．したがって，

$$\frac{d(\sin^{-1} x)}{dx} = \frac{1}{dx/dy} = \frac{1}{\sqrt{1 - x^2}}$$

（5）陰関数の微分

今までは $y = f(x)$ という形の微分を取り扱ってきましたが，関数によってはこのような形に書き換えにくい場合もあります．たとえば

$$x^3 + y^3 - 3xy - 1 = 0 \tag{2.4.8}$$

がその例になっています．このような関数は一般に

$$f(x, y) = 0 \tag{2.4.9}$$

の形に書かれます．このような書き方を陰関数表示といいます．さて，式 (2.4.8) を x で微分するには，y が x の関数になっているため合成関数の微分法を使います．たとえば，y^3 を x で微分するには，

$$\frac{dy^3}{dx} = \frac{dy^3}{dy}\frac{dy}{dx} = 3y^2\frac{dy}{dx}$$

のように計算します．このことを用いれば，式 (2.4.8) を x で微分すれば

$$3x^2 + 3y^2\frac{dy}{dx} - 3y - 3x\frac{dy}{dx} = 0$$

すなわち

$$\frac{dy}{dx} = \frac{y - x^2}{y^2 - x}$$

となります．なお，一般に陰関数の微分では結果に y が含まれます．

Example 2.4.5

$y = a^x$ を微分しなさい．

[**Answer**]

両辺の対数をとると，$\log y = x \log a$ となります．$\log y$ を x で微分すると，合成関数の微分法から

$$(\log y)' = \frac{1}{y}\frac{dy}{dx}$$

となるため

$$\frac{1}{y}\frac{dy}{dx} = \log a$$

したがって

$$(a^x)' = y \log a = a^x \log a$$

となります．

上の例題のように両辺の対数をとってから微分する方法を**対数微分法**とよんでいます．

1 章で述べた関数の導関数は**表 2.4.1** のようにまとめられます．これらは，上の例題ですでにいくつか示し，また示していないものでも同様の方法で計算すれば得られます．

表 **2.4.1**

$f(x)$	$f'(x)$	備考
x^a	ax^{a-1}	
a^x	$a^x \log a$	$a>0$
$\sin x$	$\cos x$	x：ラジアン
$\cos x$	$-\sin x$	〃
$\tan x$	$\sec^2 x$	〃
$\cot x$	$-\csc^2 x$	〃
$\sec x$	$\sec x \tan x$	〃
$\csc x$	$-\csc x \cot x$	〃
$\log x$	$1/x$	$x>0$
$\sin^{-1} x$	$1/\sqrt{1-x^2}$	主値
$\cos^{-1} x$	$-1/\sqrt{1-x^2}$	〃
$\tan^{-1} x$	$1/(1+x^2)$	
$\cot^{-1} x$	$-1/(1+x^2)$	
$\sec^{-1} x$	$1/(|x|\sqrt{x^2-1})$	主値
$\csc^{-1} x$	$-1/(|x|\sqrt{x^2-1})$	〃

（6）パラメータを含んだ関数の微分

x, y が t の関数で $x = f(t)$, $y = g(t)$

であるとします．このとき，$t = f^{-1}(x)$ であるため，$y = g(f^{-1}(x))$ となり，y は x の関数となります．そして，y を x で微分すれば，合成関数および逆関数の微分法から

Point

$$\frac{dy}{dx} = \frac{dg}{d(f^{-1})}\frac{d(f^{-1})}{dx} = \frac{dg}{dt}\frac{dt}{dx} = \frac{dy/dt}{dx/dt} \quad (2.4.10)$$

となります．

Example 2.4.6

$x = a\cos t$, $y = b\sin t$（ただし，a, b は 0 でない定数）のとき dy/dx を求めなさい．

[**Answer**]

$$dx/dt = -a\sin t, \quad dy/dt = b\cos t$$

より

$$\frac{dy}{dx} = \frac{dy/dt}{dx/dt} = -\frac{b\cos t}{a\sin t} = -\frac{b^2 x}{a^2 y}$$

2.5 高階導関数

導関数をひとつの関数とすれば，その導関数も考えられます．

これを 2 階導関数とよび

$$f''(x), \quad \frac{d^2 f}{dx^2}, \quad D^2 f$$

などと記します．したがって，

$$f''(x) = \lim_{h \to 0} \frac{f'(x+h) - f'(x)}{h}$$

となります．2 階導関数を求めることを 2 階微分するといいます．具体的な計

算を行うには，1 回微分した関数をもう 1 回微分します．たとえば $y = \sin x$ については，$y' = \cos x$ より 2 階微分は $y'' = (\cos x)' = -\sin x$ となります．

　関数が連続であっても微分できないことがあったように，導関数が連続であっても微分できないことがあります．したがって，ある関数が微分できても，2 階微分できるとは限りません．

　3 階微分は 2 階微分の微分，4 階微分は 3 階微分の微分というように高階の微分すなわち高階導関数も定義できます．なお，n 階微分は

$$f^{(n)}, \quad \frac{d^n f}{dx^n}, \quad D^n f$$

といった記号で表されます．このなかで最初の記号を $n = 1, 2$ に対して使うと $y' = y^{(1)}$，$y'' = y^{(2)}$ となります．また，何もしない操作を $y^{(0)}$，すなわち $y^{(0)} = y$ と定義すると便利です．

2.6　平均値の定理

　連続な関数 $f(x)$ が区間 I で微分可能であるとします[*6]．この関数が区間内の点 $x = a$ で極大値または極小値をとったとすれば，$f'(a) = 0$ が成り立ちます．なぜなら，図 **2.6.1** (a) に示すように極大値を含む微小区間で x の増加にともない接線の傾きは正から負に変化します．この区間は任意に小さくできるため，極大値の場所で接線の傾きが 0 になると結論できます．極小値の場合は接線の傾きが負から正になるため，やはり極小値の場所で接線の傾きは 0 になります．

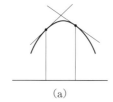
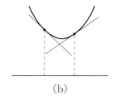

(a)　　　　　　　　　(b)

図 **2.6.1**

　この事実を用いると次の定理（ロルの定理）が証明できます．

---

*6　これは，ロルの定理や後述の平均値の定理に必要な条件です．

関数 $f(x)$ が区間 $[a, b]$ において連続で区間 (a, b) において微分可能とする．このとき $f(a)=f(b)=0$ であれば，$f'(x)=0$ を満足する x が区間 (a, b) に少なくとも 1 つある．

このことは図 **2.6.2** で考えれば明らかです．定理の仮定から $y = f(x)$ の形は図のように点 $x = a$，$x = b$ で x 軸と交わっています．したがって，その間のある点において少なくとも 1 つ極大値または極小値をとるため，その点で $f' = 0$ となります．なお，$f'(x) = 0$ を満足するということは，その点における接線の傾きが 0 を意味するため，定理はこのような曲線には必ず x 軸と平行な接線が引けるという当然のこと主張しています．

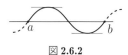

図 **2.6.2**

このロルの定理を用いれば，平均値の定理とよばれる次の重要な定理が証明できます．

関数 $f(x)$ が区間 $[a, b]$ で連続で区間 (a, b) で微分可能とする．このとき

$$f(b) - f(a) = (b - a)f'(c) \tag{2.6.1}$$

を満足するような $x = c$ が区間 (a, b) に少なくとも 1 つ存在する

この定理の意味も図を描けばはっきりします．すなわち，

$$\frac{f(b) - f(a)}{b - a}$$

は，図 **2.6.3** の点 A，B を通る直線の傾きです．そこで，平均値の定理は点 A，B の間でこの直線に平行な接線が $y = f(x)$ に対して必ず引けることを主張しています．このことが成り立つことは，AB が x 軸に平行になるように曲線を回転すればロルの定理と同じ内容になることから理解できます．

なお，証明は 2.8 節で述べます．

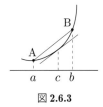

図 2.6.3

　平均値の定理はよく用いられるので少し変形しておきます．点 $x = c$ は $x = a$ と $x = b$ の間にあるため

$$c = a + (b-a)\theta \quad (0 < \theta < 1)$$

と書けます．このとき式 (2.6.1) は

$$f(b) = f(a) + (b-a)f'(a + (b-a)\theta) \quad (0 < \theta < 1) \tag{2.6.2}$$

となります．さらに $b = a + h$ とおけば

$$f(a + h) = f(a) + hf'(a + h\theta) \quad (0 < \theta < 1) \tag{2.6.3}$$

が成り立ちます．式 (2.6.1) において，b を変数とみなして $b = x$ とおけば

Point

$$f(x) = f(a) + (x-a)f'(c) \quad (a < c < x) \tag{2.6.4}$$

となりますが，この式は c を定数とみなせば関数 $f(x)$ を 1 次関数で近似している式とみなすことができます．<u>さらに，1 階微分係数は関数を 1 次式で近似したときの x の係数</u> になっています．

2.7　曲線の概形

　微分は多方面で利用されますが，本節ではその中で，微分を利用して関数の概形を描く方法を紹介します．

　まず，$y = f(x)$ に対して，$f'(a) > 0$ であればその関数は a の近くで単調増加しています．このことは，式 (2.6.4) から関数が a の近くで 1 次関数で表され，その傾きが正であることからわかります．同様に $f'(a) < 0$ であればその関数は a の近くで単調減少しています．$f'(a)$ が符号を変化させるとき，関数は増加から減少に，あるいは減少から増加に転じます．言い換えれば，関数は $f'(x) = 0$ を満たす点で極大値または極小値をとる可能性があります．その

点が極大値であるか極小値であるかを判定するには，極大値を境にして $f'(x)$ の符号が正から負に，極小値を境に $f'(x)$ の符号が負から正に変わるため，以下の例題に示すような**増減表**を作って調べることができます．

さらに，$x \to \pm\infty$ における関数の振る舞いを調べたり，不連続点をもつ場合にはその近くでの関数の振る舞いを調べたりする必要がある場合もあります．

Example 2.7.1

曲線 $y = x^5 - 5x^4 + 5x^3 + 10$ の極値を求め，曲線の概形を描きなさい．

[Answer]

$$y' = 5x^4 - 20x^3 + 15x^2 = 5x^2(x-1)(x-3)$$

であるため，$y' = 0$ を満たす点は，

$$x = 0, \quad x = 1, \quad x = 3$$

です．f' の符号を調べて増減表を作れば表 **2.7.1** のようになります．したがって，$x = 1$ のとき極大値 11 をとり，$x = 3$ のとき極小値 -17 をとることがわかります．ただし，$x = 0$ は極大値でも極小値でもありません（すなわち，$f'(x) = 0$ は極大値または極小値をとるための必要条件であって，$f'(x) = 0$ の根がすべて $f(x)$ を極大または極小にするとは限りません）．さらに $x \to -\infty$ のとき，$y \to -\infty$ であり，$x \to \infty$ のとき，$y \to \infty$ です．以上のことを考慮して概形を描けば図 **2.7.1** のようになります．

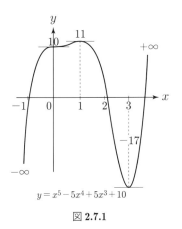

$y = x^5 - 5x^4 + 5x^3 + 10$

図 **2.7.1**

表 2.7.1

x	$-\infty$		0		1		3		$+\infty$
$f'(x)$		$+$	0	$+$	0	$-$	0	$-$	
$f(x)$	$-\infty$	↗	10	↗	11	↘	-17	↗	$+\infty$

■最大値・最小値問題

　ある区間 $[a, b]$ における関数 $f(x)$ の最大値や最小値を求める必要がしばしばあります．このような問題を**最大値・最小値問題**といいます．最大値・最小値問題は，区間内の関数の極大値や極小値，区間の端での関数値，区間内の不連続点近くの関数のようすなどを調べることにより，言い換えれば，ある区間において関数の概形を描くことにより解くことができます．以下に例を挙げて説明します．

Example 2.7.2

　関数 $f(x) = x^3 - 12x + 3$ の区間 $[-4, 3]$ における最大値と最小値を求めなさい．

[**Answer**]

まず極値を求めるため

$$f' = 3x^2 - 12 = 0$$

を解くと $x = \pm 2$ となります．この 2 点は区間内にあり，また関数は連続関数であるので，この 2 点と区間の両端のどれかにおいて最大値や最小値をとることがわかります．そこで具体的に値を代入すると，

$$f(-4) = -13, \quad f(-2) = 19, \quad f(2) = -13, \quad f(3) = -6$$

であるため，最大値は 19（$x = -2$ のとき），最小値は -13（$x = -4$ と $x = 2$ のとき）であることがわかります．

2.8　テイラーの定理

　平均値の定理を 2 階以上の微分が与えられた場合まで拡張すると，次のテイラーの定理が得られます．

　　関数 $f(x)$ が区間 I で n 回微分可能とする．このとき，区間内の任意の 2 点 $x = a$，$x = b$ において

$$f(b) = f(a) + (b-a)f'(a) + \frac{(b-a)^2}{2!}f''(a) + \cdots$$
$$+ \frac{(b-a)^{n-1}}{(n-1)!}f^{(n-1)}(a) + \frac{(b-a)^n}{n!}f^{(n)}(c) \tag{2.8.1}$$

を満足するような c が a と b の間にある.

証明は以下のようにします. まず, k を適当に選べば

$$f(b) = f(a) + (b-a)f'(a) + \frac{(b-a)^2}{2!}f''(a) + \cdots$$
$$+ \frac{(b-a)^{n-1}}{(n-1)!}f^{(n-1)}(a) + (b-a)^n k \tag{2.8.2}$$

とできます. そこで, 上式で $a = x$ として左辺から右辺をひいた式を

$$g(x) = f(b) - \left\{ f(x) + (b-x)f'(x) + \frac{(b-x)^2}{2!}f''(x) + \cdots \right.$$
$$\left. + \frac{(b-x)^{n-1}}{(n-1)!}f^{(n-1)}(x) + (b-x)^n k \right\}$$

とおくと, $g(b) = 0$ であり, また式 (2.8.2) から $g(a) = 0$ となります. 一方, 上式を微分すれば

$$g'(x) = -f'(x) + f'(x) - (b-x)f''(x) + (b-x)f''(x) + \cdots$$
$$+ \frac{(b-x)^{n-2}}{(n-2)!}f^{(n-1)}(x) - \frac{(b-x)^{n-2}}{(n-2)!}f^{(n-1)}(x) - \frac{(b-x)^{n-1}}{(n-1)!}f^{(n)}(x)$$
$$+ n(b-x)^{n-1}k$$
$$= -\frac{(b-x)^{n-1}}{(n-1)!}f^{(n)}(x) + n(b-x)^{n-1}k$$

となります. $g(x), g'(x)$ は区間 $[a, b]$ において連続で $g(a) = g(b) = 0$ であるため, ロルの定理によって, $g'(c) = 0$ となるような点 $x = c$ が a と b の間に少なくとも 1 つあります. したがって

$$g'(c) = -\frac{(b-c)^{n-1}}{(n-1)!}f^{(n)}(c) + n(b-c)^{n-1}k = 0$$

から, k が定まり

$$k = \frac{1}{n!}f^{(n)}(c)$$

となります．これを式 (2.8.2) に代入すれば証明すべき関係式が得られます．なお，上の証明で $n = 1$ と考えれば平均値の定理の証明になります．

式 (2.8.1) を f のテイラー展開式，右辺の最終項を剰余項といいます．式 (2.8.1) において b を $a + x$ とおくと

Point

$$f(x+a) = f(a) + xf'(a) + \frac{x^2}{2!}f''(a) + \cdots$$
$$+ \frac{x^{n-1}}{(n-1)!}f^{(n-1)}(a) + \frac{x^n}{n!}f^{(n)}(a+\theta x) \tag{2.8.3}$$

ただし，$(0 < \theta < 1)$ となります．さらにこの式で $a = 0$ とおけば

Point

$$f(x) = f(0) + xf'(0) + \frac{x^2}{2!}f''(0) + \cdots$$
$$+ \frac{x^{n-1}}{(n-1)!}f^{(n-1)}(0) + \frac{x^n}{n!}f^{(n)}(\theta x) \tag{2.8.4}$$

となります．式 (2.8.4) は特にマクローリンの定理とよばれます．

テイラーの定理 (2.8.1) または式 (2.8.3) において剰余項が $n \to \infty$ のとき 0 になるならば，すなわち

$$\lim_{n \to \infty} \frac{(x-a)^n}{n!} f^{(n)}(c) = 0$$

ならば，$f(x)$ は次式のようなべき級数で表されます[*7]．

$$f(x) = f(a) + \frac{(x-a)}{1!}f'(a) + \frac{(x-a)^2}{2!}f''(a) + \cdots + \frac{(x-a)^n}{n!}f^{(n)}(a) + \cdots \tag{2.8.5}$$

この右辺をテイラー級数といいます．そして上式のように関数をテイラー級数で表すことをテイラー展開するといいます．同様にマクローリンの定理 (2.8.4) において剰余項が $n \to \infty$ のとき 0 であるならば，すなわち

$$\lim_{n \to \infty} \frac{x^n}{n!} f^{(n)}(\theta x) = 0 \tag{2.8.6}$$

ならば，$f(x)$ は次のようなべき級数で表されます．

[*7]　べき級数については Appendix A を参照

$$f(x) = f(0) + \frac{x}{1!}f'(0) + \frac{x^2}{2!}f''(0) + \cdots + \frac{x^n}{n!}f^{(n)}(0) + \cdots \quad (2.8.7)$$

この右辺をマクローリン級数といい，関数をマクローリン級数で表すことを
マクローリン展開するといいます．

2.9 関数の展開

本節では代表的な関数に対して，実際にマクローリン展開やテイラー展開を
行ってみます．

Example 2.9.1

式 (2.8.7) を具体的に計算することにより次の公式が成り立つことを示しな
さい．

Point

$$e^x = 1 + \frac{x}{1!} + \frac{x^2}{2!} + \frac{x^3}{3!} + \cdots \quad (2.9.1)$$

$$\sin x = x - \frac{x^3}{3!} + \frac{x^5}{5!} - \frac{x^7}{7!} + \cdots \quad (2.9.2)$$

$$\cos x = 1 - \frac{x^2}{2!} + \frac{x^4}{4!} - \frac{x^6}{6!} + \cdots \quad (2.9.3)$$

[Answer]

式 (2.9.1) を示すには

$$(e^x)' = e^x, \quad (e^x)'' = e^x, \quad \cdots$$

であるため，$f(x) = e^x$ のとき

$$f(0) = f'(0) = f''(0) = \cdots = 1$$

となることを使います．これを式 (2.8.7) に代入します．式 (2.9.2) は

$$(\sin x)' = \cos x$$

$$(\sin x)'' = (\cos x)' = -\sin x$$

$$(\sin x)''' = (-\sin x)' = -\cos x$$

などを用いれば，$f(x) = \sin x$ のとき，

$$f(0) = 0, \quad f'(0) = 1, \quad f''(0) = 0, \quad f'''(0) = -1$$

等が得られます．これを式 (2.8.7) に代入します．

　式 (2.9.3) も式 (2.9.2) と同様です．あるいは式 (2.9.2) の両辺を x で微分しても得られます．

Example 2.9.2

　次の関数をマクローリン展開しなさい．

(1) e^{-x}　　　　　　　　(2) $\sinh x$

[**Answer**]

(1) $(e^{-x})' = -e^{-x}$, $(e^{-x})'' = e^{-x}$, $\cdots$　より

$$f(0) = 1, \quad f'(0) = -1, \quad f''(0) = 1, \cdots$$

したがって

$$e^{-x} = 1 - \frac{x}{1!} + \frac{x^2}{2!} - \frac{x^3}{3!} + \cdots$$

なお，この式は式 (2.9.1) で x のかわりに $-x$ を代入しても得られます．

(2) $(\sinh x)' = \cosh x$, $(\sinh x)'' = \sinh x$, $\cdots$　より

$$f(0) = 0, \quad f'(0) = 1, \quad f''(0) = 0, \quad f'''(0) = 1, \cdots$$

したがって

$$\sinh x = \frac{x}{1!} + \frac{x^3}{3!} + \frac{x^5}{5!} + \frac{x^7}{7!} + \cdots$$

なお，この式は式 (2.9.1) と (1) の結果を引き算して 2 で割っても得られます．

■ 2 項定理

　α を任意の実数とし，また $-1 < x < 1$ とすれば

Point
$$(1+x)^{\alpha} = 1 + \alpha x + \frac{\alpha(\alpha - 1)}{2!} x^2 + \cdots$$
$$+ \frac{\alpha(\alpha - 1) \cdots (\alpha - n + 1)}{n!} x^n + \cdots \tag{2.9.4}$$

となります．この関係を **2 項定理**といいます．α が自然数のときは，この展開

は有限項（x^n まで）で終わり，**2 項展開**とよんでいますが，上式はその実数への拡張になっています.

式 (2.9.4) は，マクローリン展開において $f(x) = (1+x)^\alpha$ とおくと

$$f^{(n)}(x) = \alpha(\alpha-1)\cdots(\alpha-n+1)(1+x)^{\alpha-n}$$

となることから示すことができます．ただし，厳密には $n \to 0$ のとき剰余項が 0 になることを証明する必要があります.

マクローリン展開やテイラー展開を公式にあてはめて求める場合に計算がめんどうになることがあります．そこで，**Example 2.9.2** (1) の解の中で述べたように，すでに知られている展開を利用したり，あるいは以下の**幾何級数**

Point

$$\frac{1}{1-x} = 1 + x + x^2 + x^3 + \cdots \quad (|x| < 1) \tag{2.9.5}$$

を利用したり，べき級数が**項別微分**や**項別積分**できる[*8] ことに注目して求める方法もあり，しばしば大変有用です．そこで，この方法を例題をとおして示すことにします.

Example 2.9.3

次の関数を記された点のまわりにテイラー展開しなさい.

(1) e^{2x} $(x = 1)$ (2) $\sin(1-x)$ $(x = 1)$

[Answer]

(1) $e^{2x} = e^2 e^{2(x-1)}$

$$= e^2 \left(1 + \frac{2(x-1)}{1!} + \frac{2^2(x-1)^2}{2!} + \frac{2^3(x-1)^3}{3!} + \cdots \right)$$

(2) $\sin(1-x) = -\sin(x-1)$

$$= -\left(\frac{x-1}{1!} - \frac{(x-1)^3}{3!} + \frac{(x-1)^5}{5!} + \cdots \right)$$

$$= -\frac{x-1}{1!} + \frac{(x-1)^3}{3!} - \frac{(x-1)^5}{5!} + \cdots$$

[*8] Appendix A 参照.

Example 2.9.4

次の関数を記された点のまわりにマクローリン（テイラー）展開しなさい.

(1) $\dfrac{1}{1+x^2}$　$(x=0)$

(2) $\dfrac{2}{3-x}$　$(x=1)$

(3) $\dfrac{1}{x^2-3x+2}$　$(x=0)$

[**Answer**]

(1) $\dfrac{1}{1+x^2}=\dfrac{1}{1-(-x^2)}=1+(-x^2)+(-x^2)^2+\cdots$

$\qquad\qquad\qquad = 1-x^2+x^4-x^6+\cdots$

(2) $\dfrac{2}{3-x}=\dfrac{1}{1-(x-1)/2}=1+\dfrac{x-1}{2}+\dfrac{(x-1)^2}{2^2}+\dfrac{(x-1)^3}{2^3}+\cdots$

(3) $\dfrac{1}{x^2-3x+2}=\dfrac{1}{(x-2)(x-1)}=\dfrac{1}{x-2}-\dfrac{1}{x-1}$

$\qquad\qquad = \dfrac{1}{1-x}-\dfrac{1}{2}\dfrac{1}{1-x/2}$

$\qquad\qquad = 1+x+x^2+x^3+\cdots -\dfrac{1}{2}\left(1+\dfrac{x}{2}+\dfrac{x^2}{2^2}+\dfrac{x^3}{2^3}+\cdots\right)$

$\qquad\qquad = \dfrac{1}{2}+\dfrac{3}{4}x+\dfrac{7}{8}x^2+\dfrac{15}{16}x^3+\cdots$

1. 次の極限値を求めなさい.

    (a) $\displaystyle \lim_{x \to 2} \frac{x^2 - 3x + 2}{x^2 + 4x - 12}$

    (b) $\displaystyle \lim_{x \to 0} \frac{\sqrt{a^2 + x^2} - \sqrt{a^2 - x^2}}{x^2}$ $(a > 0)$

    (c) $\displaystyle \lim_{x \to 0} \frac{x}{\sin^{-1} x}$

2. 方程式 $x^2 - \cos x = 0$ は $0 < x < 1$ に根をもつことを示しなさい.

3. 次の関数を微分しなさい.

    (a) $y = (x + 1/x)^3$

    (b) $y = (2x^2 + 3)^3 (3x + 1)^2$

    (c) $y = x^{\exp x}$

    (d) $y = \log(x + \sqrt{1 + x^2})$

    (e) $y = \dfrac{x \cos^{-1} x}{\sqrt{1 - x^2}} + \log \sqrt{1 - x^2}$

4. 次の関数の極値を求めなさい.

    (a) $y = (x - 2)^2 (x - 3)$

    (b) $y = \dfrac{x^2 + 3x + 2}{x^2 - 3x + 2}$

5. 次の関数のグラフの概形を描きなさい.

    (a) $y = \dfrac{x}{x^2 + 1}$

    (b) $y = x^2 (x - 2)^2$

6. 次の関数を括弧内の点のまわりに展開しなさい.

    (a) $y = \log(1 - x)$ $(x = 0)$

    (b) $y = \dfrac{1}{3 - 4x + x^2}$ $(x = 2)$

Chapter 3

1 変数の関数の積分

3.1 不定積分

微分の逆の演算，すなわち関数 $f(x)$ が与えられた場合に，微分した結果が $f(x)$ になるような関数 $F(x)$ を求めることを考えます．この $F(x)$ をもとの関数 $f(x)$ の原始関数とよび，

$$F(x) = \int f(x)dx$$

という記号で表します．したがって，定義から

$$\frac{d}{dx} \int f(x)dx = f(x) \tag{3.1.1}$$

が成り立ちます．$f(x)$ の原始関数を求めることを，$f(x)$ を**不定積分**する（あるいは簡単に積分する）といいます．

$f(x)$ の原始関数には定数の不定性があります．実際，C を任意の定数とした場合，$F(x)$ と $F(x)+C$ はどちらを微分しても同じ $f(x)$ になります．

不定積分は微分の逆演算なので，表 **2.4.1** を逆に見ると簡単な関数の不定積分が得られますが，ここではいくつかの関数を付け加えて表 **3.1.1** に示すことにします．この表は右側の関数を微分すれば左側の関数になることから確かめられます．

表 **3.1.1**

$f(x)$	$\int f(x)dx$	
x^a	$\dfrac{x^{a+1}}{a+1}$	$a \neq -1$
$\dfrac{1}{x}\ \left(=x^{-1}\right)$	$\log|x|$	
e^x	e^x	
a^x	$\dfrac{a^x}{\log a}$	$a > 0,\ \ a \neq 1$
$\log x$	$x \log x - x$	
$\sin x$	$-\cos x$	x：ラジアン
$\cos x$	$\sin x$	〃
$\tan x$	$-\log|\cos x|$	〃
$\cot x$	$\log|\sin x|$	〃
$\sec^2 x$	$\tan x$	〃
$\mathrm{cosec}^2 x$	$-\cot x$	〃
$\sec x\ (=1/\cos x)$	$\log\left|\tan\left(\dfrac{x}{2}+\dfrac{\pi}{4}\right)\right|$	〃
$\mathrm{cosec}\, x\ (=1/\sin x)$	$\log\left|\tan\dfrac{x}{2}\right|$	〃
$\dfrac{1}{x^2+a^2}$	$\dfrac{1}{a}\tan^{-1}\dfrac{x}{a}$	$a \neq 0, \tan^{-1}$ は主値
$\dfrac{1}{x^2-a^2}$	$\dfrac{1}{2a}\log\left|\dfrac{x-a}{x+a}\right|$	$a \neq 0$
$\dfrac{1}{\sqrt{a^2-x^2}}$	$\sin^{-1}\dfrac{x}{a}$	$a > 0,\ \sin^{-1}$ は主値
$\dfrac{1}{\sqrt{x^2+b}}$	$\log\left|x+\sqrt{x^2+b}\right|$	
$\sqrt{a^2-x^2}$	$\dfrac{1}{2}\left(x\sqrt{a^2-x^2}+a^2\sin^{-1}\dfrac{x}{a}\right)$	$a > 0,\ \sin^{-1}$ は主値
$\sqrt{x^2+b}$	$\dfrac{1}{2}\left(x\sqrt{x^2+b}+b\log\left|x+\sqrt{x^2+b}\right|\right)$	$b \neq 0$

3.2　不定積分の性質

　本節で述べる公式を用いれば，代表的な関数の不定積分を用いて，いろいろな関数の不定積分を計算することができます.

（1）和と差の不定積分

　a, b が定数の場合

$$\int \{af(x) + bg(x)\}dx = a\int f(x)dx + b\int g(x)dx \tag{3.2.1}$$

が成り立ちます. このことは，両辺を微分して確かめることができます.

　同様に以下の公式が成り立ちます.

$$\int \left(\sum_{j=1}^{n} a_j f_j(x)\right) dx = \sum_{j=1}^{n} a_j \int f_j(x)dx \tag{3.2.2}$$

Example 3.2.1

　次の積分を計算しなさい.

(1) $\displaystyle\int (x^2 - 3x + 2)dx$

(2) $\displaystyle\int (4\sin x - 6e^x)dx$

[**Answer**]

(1) $\displaystyle\int (x^2 - 3x + 2)dx = \int x^2 dx - 3\int x dx + 2\int dx = \frac{x^3}{3} - \frac{3x^2}{2} + 2x + C$

(2) $\displaystyle\int (4\sin x - 6e^x)dx = 4\int \sin x dx - 6\int e^x dx = -4\cos x - 6e^x + C$

（2）置換積分

　合成関数の微分法に対応する積分演算に**置換積分**があります. これは関数 $f(x)$ の変数 x が別の関数によって $x = g(t)$ と表せるとき次のような計算ができることを示しています.

$$\int f(x)dx = \int f(g(t))\frac{dg}{dt}dt \qquad (3.2.3)$$

なぜなら,

$$\int f(x)dx = F(x) = F(g(t))$$

とおくと,合成関数の微分法から

$$\frac{dF}{dt} = \frac{dF}{dx}\frac{dx}{dt} = \frac{dF}{dx}\frac{dg}{dt}$$

が成り立ちますが,両辺を t で不定積分すると

$$F(x) = \int \frac{dF}{dt}dt = \int \frac{dF}{dx}\frac{dg}{dt}dt$$

となります.ここで

$$F(x) = \int f(x)dx, \qquad \frac{dF}{dx} = f(x) = f(g(t))$$

を上式の左辺および右辺に代入すれば式 (3.2.3) が得られます.

Example 3.2.2

次の積分の値を求めなさい.

(1) $\displaystyle\int (-3x+1)^{-2}dx$

(2) $\displaystyle\int \sin^4 2x \cos 2x dx$

[Answer]

(1) $-3x+1=t$ とおくと $dx/dt = -1/3$,したがって

$$\int (-3x+1)^{-2}dx = \int t^{-2}\left(-\frac{1}{3}\right)dt = \frac{1}{3}t^{-1}+C = \frac{1}{3(1-3x)}+C$$

以下のような計算もできます.すなわち,

$$d(-3x+1)/dx = -3 \;を\; dx = -d(-3x+1)/3$$

と考えて $-3x+1$ を1つの文字とみなせば

$$\int (-3x+1)^{-2}dx = -\frac{1}{3}\int (-3x+1)^{-2}d(-3x+1) = \frac{1}{3(-3x+1)} + C$$

(2) $\sin 2x = t$ とおけば，$dt/dx = 2\cos 2x$ より，$dx/dt = 1/(2\cos 2x)$，したがって

$$\int \sin^4 2x \cos 2x dx = \int t^4 \frac{\cos 2x}{2\cos 2x} dt = \frac{t^5}{10} + C = \frac{\sin^5 2x}{10} + C$$

または，$d(\sin 2x)/dx = 2\cos 2x$ を $d(\sin 2x)/2 = \cos 2x dx$ と考えて，$\sin 2x$ を 1 つの文字とみなせば

$$\int \sin^4 2x \cos 2x dx = \frac{1}{2}\int \sin^4 2x d(\sin 2x) = \frac{\sin^5 2x}{10} + C$$

（3）部分積分

積の微分法の関係式を用いれば，部分積分とよばれる次の公式

Point

$$\int f'(x)g(x)dx = f(x)g(x) - \int f(x)g'(x)dx \qquad (3.2.4)$$

が得られます．このことは，

$$f(x)g(x) = \int \frac{d(fg)}{dx}dx = \int \left(\frac{df}{dx}g + f\frac{dg}{dx} \right) dx$$

$$= \int f'(x)g(x)dx + \int f(x)g'(x)dx$$

が成り立つことからわかります．式 (3.2.4) は $f'(x)$ を改めて $f(x)$ と書き直せば，$f(x)$ の不定積分を $F(x)$ として，次のように書き換えられます．

$$\int f(x)g(x)dx = F(x)g(x) - \int F(x)g'(x)dx \qquad (3.2.5)$$

したがって,

> fg の積分を計算する場合,f を積分して g をかけたものから,積分結果(F)はそのままにしてそれに g' をかけて積分したものを引けばよい

ことになります.この手続きを具体的に図示したものが図 **3.2.1** です.

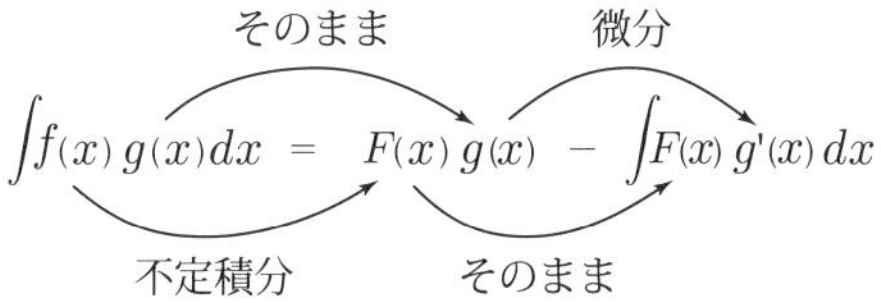

$$\int f(x)\,g(x)dx \;=\; F(x)\,g(x) \;-\; \int F(x)\,g'(x)\,dx$$

図 **3.2.1**

Example 3.2.3

次の積分を部分積分を用いて計算しなさい.

(1) $\displaystyle \int \log x\,dx$ （$\log x = 1 \times \log x$ と考えます）

(2) $\displaystyle \int x\cos x\,dx$

[Answer]

(1) $\displaystyle \int \log x\,dx = x\log x - \int x(\log x)'\,dx = x\log x - \int dx$
$$= x\log x - x + C$$

(2) $\displaystyle \int x\cos x\,dx = x\sin x - \int (x)'\sin x\,dx = x\sin x + \cos x + C$

Example 3.2.4

a, $b \neq 0$ のとき $\displaystyle\int e^{ax}\sin bx\,dx$ を求めなさい.

[**Answer**]

求める不定積分を I とおくと,

$$I = \int e^{ax}\sin bx\,dx = \frac{1}{a}e^{ax}\sin bx - \frac{b}{a}\int e^{ax}\cos bx\,dx$$

$$= \frac{1}{a}e^{ax}\sin bx - \frac{b}{a}\left(\frac{e^{ax}}{a}\cos bx + \frac{b}{a}\int e^{ax}\sin bx\,dx\right) + c$$

$$= \left(\frac{a\sin bx - b\cos bx}{a^2}\right)e^{ax} - \frac{b^2}{a^2}I + c$$

したがって

$$I = \frac{e^{ax}}{a^2+b^2}(a\sin bx - b\cos bx) + C \quad \left(C = \frac{a^2 c}{a^2+b^2}\right)$$

3.3　典型的な関数の不定積分

　被積分関数が特殊な形をしている場合には，被積分関数を書き換えたり，変数の変換を行って不定積分できることがあります．本節ではその代表例を紹介します．

（1）有理関数の積分

　有理関数は初等関数の範囲で不定積分できることが知られています．特に有理関数で分母が 1 次式または 2 次式の積の形に因数分解できるときは分数関数を部分分数に分解することで不定積分できます．

■部分分数分解

　まず，$r(x)$ と $f(x)$ を共通因子をもたない m 次および n 次の整関数とすれば，

$$\frac{r(x)}{f(x)} = q(x) + \frac{g(x)}{f(x)} \tag{3.3.1}$$

という形になおせます．ここで，$q(x)$ は $m-n$ 次式（$m < n$ ならば 0），$g(x)$ は $n-1$ 次以下の整関数です．$q(x)$ の部分は簡単に積分できるため，式（3.3.1）の積分では $g(x)/f(x)$ の積分が重要になります．一方，$g(x)/f(x)$ は

$$\frac{A}{(x-\alpha)^k} \quad \text{または} \quad \frac{Bx+C}{(x^2+px+q)^l} \quad (p^2-4q < 0)$$

の形の部分分数の和で表せます．これを**部分分数分解**といいます．したがって，有理関数の不定積分を求めるには，有理関数を式（3.3.1）の形に書き直し，$g(x)/f(x)$ の部分を部分分数に分解した上で各項ごとに積分します．

Example 3.3.1

次の不定積分を求めなさい．

$$\int \frac{4x}{(x+1)(x^2+1)^2}dx$$

[Answer]

被積分関数は

$$\frac{4x}{(x+1)(x^2+1)^2} = \frac{A}{x+1} + \frac{Bx+C}{x^2+1} + \frac{Dx+E}{(x^2+1)^2}$$

と部分分数分解できます．未定係数を決めるために分母を払えば，

$$4x = A(x^2+1)^2 + (Bx+C)(x+1)(x^2+1) + (Dx+E)(x+1)$$

となります．まず $x = -1$ とおけば $-4 = A(1+1)^2$ より，$A = -1$ となります．次に $x = i \ (=\sqrt{-1})$ とおけば

$$4i = (Di+E)(i+1) = (-D+E) + i(D+E)$$

より

$$-D+E = 0, \quad D+E = 4 \to D = E = 2$$

x^4 の係数を比較すれば $0 = A+B = -1+B$ より $B = 1$，x^3 の係数を比較すれば $0 = B+C$ より $C = -1$ となります．以上のことから

$$\int \frac{4x}{(x+1)(x^2+1)^2}dx = -\int \frac{1}{x+1}dx + \int \frac{x-1}{x^2+1}dx$$
$$+ 2\int \frac{x+1}{(x^2+1)^2}dx$$
$$= -\log|x+1| + \frac{1}{2}\int \frac{d(x^2+1)}{x^2+1}$$
$$- \int \frac{dx}{x^2+1} + 2\int \frac{dx}{(x^2+1)^2} + \int \frac{d(x^2+1)}{(x^2+1)^2}$$

一方,

$$\int \frac{dx}{(x^2+1)^2} = \int \frac{dx}{x^2+1} - \int \frac{x}{2}\frac{2x}{(x^2+1)^2}dx$$
$$= \tan^{-1}x - \left(\frac{x}{2}\frac{-1}{x^2+1} + \frac{1}{2}\int \frac{dx}{x^2+1}\right) = \frac{1}{2}\tan^{-1}x + \frac{x}{2(x^2+1)}$$

したがって,

$$\int \frac{4x}{(x+1)(x^2+1)^2}dx$$
$$= -\log|x+1| + \frac{1}{2}\log(x^2+1) - \tan^{-1}x + \tan^{-1}x + \frac{x}{x^2+1}$$
$$- \frac{1}{x^2+1} + C$$
$$= \frac{1}{2}\log \frac{x^2+1}{(x+1)^2} + \frac{x-1}{x^2+1} + C \quad (C:任意定数)$$

Example 3.3.2

$$I_n = \int \frac{dx}{(x^2+a^2)^n} \qquad (a>0, \ n:2\,以上の整数\,)$$

のとき

$$I_n = \frac{1}{2(n-1)a^2}\left\{\frac{x}{(x^2+a^2)^{n-1}} + (2n-3)I_{n-1}\right\}$$

であることを示しなさい.

[Answer]

$$\frac{1}{(x^2+a^2)^n} = \frac{1}{a^2}\left\{\frac{1}{(x^2+a^2)^{n-1}} - \frac{x}{2}\frac{2x}{(x^2+a^2)^n}\right\}$$

を用います．この両辺を積分すれば

$$I_n = \frac{1}{a^2}I_{n-1} - \frac{1}{a^2}\int\frac{x}{2}\frac{2x}{(x^2+a^2)^n}dx$$

$$= \frac{1}{a^2}I_{n-1} - \frac{1}{a^2}\left\{\frac{x}{2}\frac{1}{-n+1}\frac{1}{(x^2+a^2)^{n-1}} - \frac{-1}{2(n-1)}\int\frac{dx}{(x^2+a^2)^{n-1}}\right\}$$

$$= \frac{1}{a^2}I_{n-1} + \frac{1}{a^2}\left\{\frac{1}{2(n-1)}\frac{x}{(x^2+a^2)^{n-1}} - \frac{1}{2(n-1)}I_{n-1}\right\}$$

となります．この式をまとめれば求めるべき式が得られます．

Example 3.3.2 の式（漸化式）を順に使って n を小さくしていけば，I_n は I_1 を使って表すことができます．ただし，$I_1 = (1/a)\tan^{-1}(x/a)$ です．なお，

$$\int\frac{x}{x^2+a^2}dx = \frac{1}{2}\log(x^2+a^2)$$

$$\int\frac{x}{(x^2+a^2)^n}dx = \frac{1}{2(-n+1)}(x^2+a^2)^{-n+1} \quad (n \geq 2)$$

であるので，

$$\int\frac{Bt+C}{(t^2+pt+q)^n}dt \quad (p^2-4q < 0)$$

の形の積分は

$$t+\frac{p}{2} = x \quad q-\frac{p^2}{4} = a^2$$

とおくことにより，上の形の積分の和になるため，不定積分が求まります．

（2）無理関数の積分

一般に無理関数の不定積分は初等関数で表されるとは限りません．しかし，特殊な形をした場合には，適当な変数変換を行うことにより初等関数の範囲で積分が求まります．以下，本節では，$R(x, y)$ によって x と y に関する有理式を表すことにします．

■ $R(x, (ax+b)^{1/n})$ または $R\left(x, \left(\dfrac{ax+b}{cx+d}\right)^{1/n}\right)$ の積分

$(ax+b)^{1/n} = t$ または $(ax+b)/(cx+d) = t^n$ とおけば t に関する有理関数の積分になります.

Example 3.3.3

次の不定積分を求めなさい.

$$\int \sqrt{\frac{x-\alpha}{\beta-x}}\,dx \quad (\alpha \le x \le \beta)$$

[Answer]

$\sqrt{(x-\alpha)/(\beta-x)} = t$ とおくと, $x = (\alpha+\beta t^2)/(t^2+1)$ となるため

$$dx = \frac{2(\beta-\alpha)t}{(t^2+1)^2}\,dt$$

を用いて

$$\int \sqrt{\frac{x-\alpha}{\beta-x}}\,dx = \int t \frac{2(\beta-\alpha)t}{(t^2+1)^2}\,dt = -\frac{(\beta-\alpha)t}{t^2+1} + \int \frac{\beta-\alpha}{t^2+1}\,dt$$

$$= -(\beta-\alpha)\left(\frac{t}{t^2+1} - \tan^{-1}t\right) + C$$

$$= -\sqrt{(x-\alpha)(\beta-x)} + (\beta-\alpha)\tan^{-1}\sqrt{\frac{x-\alpha}{\beta-x}} + C$$

■ $R(x, \sqrt{ax^2+bx+c})$ の積分 ($a \ne 0$)

(a) $a > 0$ のとき, $\sqrt{ax^2+bx+c} = t - \sqrt{a}\,x$ とおく.

(b) $a < 0$ のとき, $\sqrt{(x-\alpha)/(\beta-x)} = t$ とおく.

ただし, α と β は $ax^2+bx+c = 0$ の 2 実根で, $\alpha < \beta$ とします[*1].

実際, (a) の場合には

[*1]　ここで 2 実根をもつとしたのは, もし $b^2-4ac < 0$ であれば $ax^2+bx+c < 0$ となり根号内は正ではなくなるからです. また $b^2-4ac = 0$ ならば平方根はなくなります.

$$x = \frac{t^2 - c}{2\sqrt{a}t + b}, \quad dx = \frac{2(\sqrt{a}t^2 + bt + c\sqrt{a})}{(2\sqrt{a}t + b)^2}dt$$

$$\sqrt{ax^2 + bx + c} = t - \sqrt{a}x = \frac{\sqrt{a}t^2 + bt + c\sqrt{a}}{2\sqrt{a}t + b}$$

となるため，有理関数の積分になります．

(b) の場合は $\sqrt{(x - \alpha)/(\beta - x)} = t$ より

$$x = \frac{\alpha + \beta t^2}{1 + t^2}, \quad dx = \frac{2(\beta - \alpha)t}{(1 + t^2)^2}dt, \quad \beta - x = \frac{\beta - \alpha}{1 + t^2}$$

$$\sqrt{ax^2 + bx + c} = \sqrt{-a}(\beta - x)\sqrt{\frac{x - \alpha}{\beta - x}} = \frac{\sqrt{-a}(\beta - \alpha)t}{1 + t^2}$$

となるため，有理関数の積分になります．

Example 3.3.4

次の不定積分を求めなさい．

$$\int \sqrt{(x - \alpha)(\beta - x)}dx \quad (\alpha \leqq x \leqq \beta)$$

[Answer]

$$\int \sqrt{(x - \alpha)(\beta - x)}dx = \int (\beta - x)\sqrt{\frac{x - \alpha}{\beta - x}}dx$$

において，

$$\sqrt{(x - \alpha)/(\beta - x)} = t$$

とおくと

$$\int \sqrt{(x - \alpha)(\beta - x)}dx = \int \frac{(\beta - \alpha)t}{t^2 + 1}\frac{2(\beta - \alpha)t}{(t^2 + 1)^2}dt$$

$$= 2(\beta - \alpha)^2 \int \frac{t^2}{(t^2 + 1)^3}dt = \frac{1}{2}(\beta - \alpha)^2 \left\{ -\frac{t}{(t^2 + 1)^2} + \int \frac{dt}{(t^2 + 1)^2} \right\}$$

$$= \frac{(\beta - \alpha)^2}{2} \left\{ -\frac{t}{(t^2 + 1)^2} + \frac{t}{2(t^2 + 1)} + \frac{1}{2}\tan^{-1} t \right\} + C$$

$$= \frac{1}{4} \left\{ (2x - \alpha - \beta)\sqrt{(x - \alpha)(\beta - x)} + (\beta - \alpha)^2 \tan^{-1} \sqrt{\frac{x - \alpha}{\beta - x}} \right\} + C$$

■$R(\sin x, \cos x)$ の積分

$\tan(x/2) = t$ とおくと有理関数の積分になります.

実際, この変換によって

$$\sin x = \frac{2t}{1+t^2}, \quad \cos x = \frac{1-t^2}{1+t^2}, \quad dx = \frac{2dt}{1+t^2} \tag{3.3.2}$$

となります. なお, このような置き換えをしなくても, たとえば $\sin x = t$ など とおくことにより積分できる場合があります.

Example 3.3.5

式 (3.3.2) を確かめなさい.

[**Answer**]

$$\sin x = 2\sin\frac{x}{2}\cos\frac{x}{2} = \frac{2\sin(x/2)}{\cos(x/2)}\cos^2\frac{x}{2} = \frac{2\tan(x/2)}{\sec^2(x/2)} = \frac{2t}{1+t^2}$$

$$\cos x = \cos^2\frac{x}{2} - \sin^2\frac{x}{2} = \cos^2\frac{x}{2}\left(1 - \tan^2\frac{x}{2}\right) = \frac{1-t^2}{1+t^2}$$

$$\frac{dt}{dx} = \frac{1}{2}\sec^2\frac{x}{2} \quad \text{より} \quad dx = \frac{2}{1+t^2}dt$$

Example 3.3.6

次の不定積分を求めなさい.

$$\int \frac{1+\sin x}{\sin x(1+\cos x)}dx$$

[**Answer**]

$$\begin{aligned}
\int \frac{1+\sin x}{\sin x(1+\cos x)}dx &= \int \frac{1 + 2t/(1+t^2)}{(1 + (1-t^2)/(1+t^2))2t/(1+t^2)}\frac{2}{1+t^2}dt \\
&= \int \frac{1+t^2+2t}{2t}dt = \frac{1}{2}\int\left(\frac{1}{t} + t + 2\right)dt \\
&= \frac{1}{2}\left(\log|t| + \frac{t^2}{2} + 2t\right) + C \\
&= \frac{1}{2}\log\left|\tan\frac{x}{2}\right| + \frac{1}{4}\tan^2\frac{x}{2} + \tan\frac{x}{2} + C
\end{aligned}$$

■$R(e^{px}, e^{qx}, \cdots, e^{rx})$ の積分 （ただし $p, q, \cdots, r$ は整数）

$e^x = t$ とおけば

$$\frac{dt}{dx} = e^x = t$$

より

$$dx = dt/t$$

となり，また

$$e^{mx} = t^m$$

等であるため有理関数の積分になります.

Example 3.3.7

次の不定積分を求めなさい.

$$\int \frac{dx}{e^x + e^{-x}}$$

[**Answer**]

$$\int \frac{dx}{e^x + e^{-x}} = \int \frac{1}{t + 1/t} \frac{dt}{t} = \int \frac{dt}{1 + t^2}$$
$$= \tan^{-1} t + C = \tan^{-1} e^x + C$$

3.4 面積と定積分

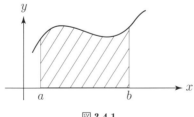

図 **3.4.1**

　図 **3.4.1** に示すように連続な関数 $y = f(x)$ と直線 $x = a$, $x = b$ および x 軸とで囲まれた部分の面積を**定積分**とよび，記号

$$\int_a^b f(x)dx \tag{3.4.1}$$

で表すことにします．ここで a を（定）積分の下端，b を上端とよんでいます．この面積を以下のように求めることにします．すなわち，区間 $[a, b]$ を図 **3.4.2** のように n 個の小区間に分け，左から順に区間幅を

$$\Delta x_1, \Delta x_2, \cdots, \Delta x_n$$

とします．このとき各区間幅は同じ長さである必要はないのですが，$n \to \infty$ のとき最大区間幅も 0 になるようにします．いま左から i 番目の 1 つの小区間を取り出して考えます．この小区間の左右両端の座標をそれぞれ x_{i-1}, x_i とします（したがって，$a = x_0$, $b = x_n$ となります）．そして小区間 $[x_{i-1}, x_i]$ 内にある任意の 1 点 P の座標を $x = \xi_i$ とします．このとき，

$$S_i = f(\xi_i)\Delta x_i = f(\xi_i)(x_i - x_{i-1})$$

は図 **3.4.2** に示す短冊の面積の近似値と考えられます．全体の面積 S は，短冊をすべて足しあわせたものであるため，

$$S = \sum_{i=1}^n S_i = \sum_{i=1}^n f(\xi_i)(x_i - x_{i-1})$$

で近似されます（この S をリーマン和とよびます）．S が $n \to \infty$ のとき区間幅や ξ_i の選び方によらずに，1 つの有限確定な値に収束するとき，関数 $f(x)$ は積分可能であるとよび，式 (3.4.1) のように記します．すなわち

$$\int_a^b f(x)dx = \lim_{n\to\infty} \sum_{i=1}^n f(\xi_i)(x_i - x_{i-1}) \tag{3.4.2}$$

です．このとき

　　　　区間 $[a, b]$ において $f(x)$ が連続ならば，$f(x)$ は積分可能である

ということが知られています．なお，このことは $f(x)$ が連続ならば面積が定義できるということからも理解できます．

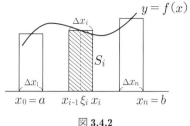

図 **3.4.2**

3.5 定積分の性質

定積分の定義から区間 $[a,\ b]$ で連続な関数 $f(x)$, $g(x)$ に対して以下のことが成り立ちます. ただし α, β は定数です.

$$\int_a^b \{\alpha f(x) + \beta g(x)\}dx = \alpha \int_a^b f(x)dx + \beta \int_a^b g(x)dx \tag{3.5.1}$$

$$\int_b^a f(x)dx = - \int_a^b f(x)dx \tag{3.5.2}$$

$$\int_a^c f(x)dx + \int_c^b f(x)dx = \int_a^b f(x)dx \quad (a \le c \le b) \tag{3.5.3}$$

$$\left| \int_a^b f(x)dx \right| \le \int_a^b |f(x)|dx \quad (a \le b) \tag{3.5.4}$$

さらに区間 $[a,\ b]$ ($a < b$ とします) において $f(x) \le g(x)$ で $f(x)$ と $g(x)$ が恒等的に等しくなければ

$$\int_a^b f(x)dx < \int_a^b g(x)dx \quad (a < b) \tag{3.5.5}$$

たとえば, 式 (3.5.1) は定積分の定義 (3.4.2) から

$$\int_a^b \{\alpha f(x) + \beta g(x)\}dx = \lim_{n\to\infty}\sum_{i=1}^n \{\alpha f(\xi_i) + \beta g(\xi_i)\}\Delta x_i \quad (\Delta x_i = x_i - x_{i-1})$$

$$= \alpha \lim_{n\to\infty}\sum_{i=1}^n f(\xi_i)\Delta x_i + \beta \lim_{n\to\infty}\sum_{i=1}^n g(\xi_i)\Delta x_i$$

$$= \alpha \int_a^b f(x)dx + \beta \int_a^b g(x)dx$$

のようにして示すことができます. 他も同様です.

　以下の定理は定積分に対する平均値の定理ともよぶべきものです.

　$f(x)$ が区間 $[a,b]$ で連続ならば

$$\int_a^b f(x)dx = (b-a)f(c) \tag{3.5.6}$$

を満足する c が区間 (a,b) 内に存在する[*2].

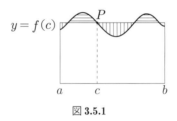

図 **3.5.1**

　式 (3.5.6) は以下のように証明します.

　もし, 区間 $[a, b]$ で $f(x)$ が定数 $f(c)$ ならば式 (3.5.6) の両辺は同じ長方形の面積となるため除外します. そこで $f(x)$ の区間 $[a, b]$ における最小値と最大値をを m, M とすれば性質 (3.5.5) から

$$\int_a^b m\,dx < \int_a^b f(x)dx < \int_a^b M\,dx$$

が成り立ちます. そこで

$$\int_a^b f(x)dx = (b-a)k \tag{3.5.7}$$

---

*2　山を削ってその土で谷を埋めることにより平地にできるということにたとえられます.

とおけば

$$m \int_a^b dx = (b-a)m < (b-a)k < (b-a)M = M \int_a^b dx$$

すなわち $m < k < M$ となります．このことと中間値の定理から $f(c) = k$ 満足する c が区間 $[a, b]$ に存在します．したがって，式 (3.5.7) から式 (3.5.6) が証明されたことになります．

3.6 不定積分と定積分の関係

前述のとおり定積分の積分の上端 b を変数 x とみなせば，面積を表す定積分は x の変化とともに値が変化するため x の関数になります．これを

$$F(x) = \int_a^x f(t)dt \tag{3.6.1}$$

と記します．ここで定積分内の変数名と積分の上端の変数名を区別するため定積分内の変数を t と書いています．このとき，重要な関係である

$$\frac{d}{dx}F(x) = \frac{d}{dx}\int_a^x f(t)dt = f(x) \tag{3.6.2}$$

が成り立ちます．ただし，$f(x)$ は区間 $[a, b]$ で連続であるとします．

証明には前節で述べた平均値の定理を用います．すなわち，平均値の定理から

$$\int_x^{x+h} f(t)dt = (x+h-x)f(c) = hf(c)$$

を満足する $x = c$ が区間 $[x, x+h]$ に存在します．ここで

$$\int_a^{x+h} f(t)dt = \int_a^x f(t)dt + \int_x^{x+h} f(t)dt$$

であるため

$$f(c) = \frac{1}{h}\int_x^{x+h} f(t)dt = \frac{1}{h}\left(\int_a^{x+h} f(t)dt - \int_a^x f(t)dt \right)$$

$$= \frac{F(x+h) - F(x)}{h}$$

となります．$h \to 0$ のとき $c \to x$ であり，また $f(x)$ は連続であるので

$$\frac{d}{dx}F(x) = \lim_{h \to 0} \frac{F(x+h) - F(x)}{h} = \lim_{h \to 0} f(c) = f(x)$$

　この定理は式(3.6.1)で定義される関数が $f(x)$ の原始関数になっていることを意味しています．すなわち，不定積分と定積分が関係づけられたことになります．定積分を原始関数（不定積分）を用いて計算するには以下の関係を用います．

Point

$$\int_a^b f(x)dx = \left[F(x)\right]_a^b = F(b) - F(a) \tag{3.6.3}$$

　ここで $f(x)$ は $[a, b]$ で連続であり，$F(x)$ は $f(x)$ の原始関数とします．このことは以下のようにして示せます．

　区間 $[a, b]$ 内にある任意の x に対して

$$\int_a^x f(t)dt = F(x) + C$$

となります．なぜなら，左辺は $f(x)$ のひとつの不定積分になっているからです．この式において $x = a$ を代入すれば，左辺は（区間幅が0の積分であるため）0になります．したがって，

$$0 = F(a) + C \quad より \quad C = -F(a)$$

すなわち

$$\int_a^x f(t)dt = F(x) - F(a)$$

となります．ここで，$x = b$ とおけば証明すべき式が得られます．

　不定積分に対する部分積分や置換積分などの計算方法はそのまま定積分に利用できます．すなわち，$F(x)$ を $f(x)$ の不定積分として

$$\int_a^b f(x)g(x)dx = \left[F(x)g(x)\right]_a^b - \int_a^b F(x)g'(x)dx \tag{3.6.4}$$

$$\int_a^b f(x)dx = \int_{t_1}^{t_2} f(g(t))\frac{dg}{dt}dt \tag{3.6.5}$$

ただし，$x = g(t)$ は x が a から b に変化するとき単調に変化すると仮定し，

また t_1, t_2 は

$$g(t_1) = a, \quad g(t_2) = b$$

を満足する数です.

Example 3.6.1

次の定積分の値を求めなさい.

(1) $\displaystyle\int_0^1 \tan^{-1} x \, dx$

(2) $\displaystyle\int_0^1 x\sqrt{1-x} \, dx$

[**Answer**]

(1) は $\tan^{-1} x = 1 \times \tan^{-1} x$ と考えて部分積分を用います. (2) は $\sqrt{1-x} = t$ とおきます. このとき, t に対する積分区間は 1 から 0 になります.

$$(1) \quad \int_0^1 \tan^{-1} x \, dx = \left[x\tan^{-1} x \right]_0^1 - \int_0^1 \frac{x}{x^2+1} \, dx$$

$$= \tan^{-1} 1 - \frac{1}{2}\left[\log(x^2+1) \right]_0^1 = \frac{\pi}{4} - \frac{1}{2}\log 2$$

$$(2) \quad \int_0^1 x\sqrt{1-x} \, dx = \int_1^0 (1-t^2)t(-2t)dt = \left[-\frac{2}{3}t^3 + \frac{2}{5}t^5 \right]_1^0 = \frac{4}{15}$$

3.7 広義積分

本節では積分区間内に関数の不連続点があったり, 積分区間が無限にわたる場合の取り扱いについて考えます.

(1) 第1種広義積分

積分区間内や両端で被積分関数 $f(x)$ が不連続である場合の積分を**第1種広義積分**とよび, 以下のように定義します. すなわち, 関数 $f(x)$ が $a \leqq x < b$ において連続で, $x = b$ において不連続な場合, 区間 $[a, b]$ における積分を

$$\int_a^b f(x)dx = \lim_{\varepsilon \to +0} \int_a^{b-\varepsilon} f(x)dx \tag{3.7.1}$$

で定義します．同様に $f(x)$ が $a < x \le b$ において連続で，$x = a$ において不連続のときは

$$\int_a^b f(x)dx = \lim_{\varepsilon \to +0} \int_{a+\varepsilon}^b f(x)dx \tag{3.7.2}$$

と定義します．さらに区間 $[a, b]$ 内の 1 点 c において不連続であれば

$$\int_a^b f(x)dx = \lim_{\varepsilon \to +0} \int_a^{c-\varepsilon} f(x)dx + \lim_{\epsilon \to +0} \int_{c+\epsilon}^b f(x)dx \tag{3.7.3}$$

と定義します．ここで，一般に $\varepsilon \ne \epsilon$ です．

Example 3.7.1

　次の定積分が存在するならばその値を求めなさい．

(1) $\displaystyle\int_0^1 \frac{dx}{\sqrt{1-x^2}}$

(2) $\displaystyle\int_{-1}^1 \frac{dx}{x}$

[**Answer**]

(1) $\displaystyle\int_0^1 \frac{dx}{\sqrt{1-x^2}} = \lim_{\varepsilon \to 0} \int_0^{1-\varepsilon} \frac{dx}{\sqrt{1-x^2}}dx = \lim_{\varepsilon \to +0} \Big[\sin^{-1} x \Big]_0^{1-\varepsilon}$

$\qquad = \lim_{\varepsilon \to +0} (\sin^{-1}(1-\varepsilon) - \sin^{-1} 0) = \dfrac{\pi}{2}$

(2) $\displaystyle\int_{-1}^1 \frac{dx}{x} = \lim_{\varepsilon \to +0} \int_{-1}^{-\varepsilon} \frac{dx}{x} + \lim_{\epsilon \to +0} \int_\epsilon^1 \frac{dx}{x}$

$\qquad = \lim_{\varepsilon \to +0} \Big[\log|x| \Big]_{-1}^{-\varepsilon} + \lim_{\epsilon \to +0} \Big[\log|x| \Big]_\epsilon^1$

$\qquad = \lim_{\varepsilon \to +0} \log \varepsilon - \log 1 + \log 1 - \lim_{\epsilon \to +0} \log \epsilon = \lim_{\varepsilon \to 0, \epsilon \to 0} \log(\varepsilon/\epsilon)$

となりますが，ε と ϵ は独立に 0 に近づくためこの極限値は不定です．したがって，積分は存在しません．ただし $\varepsilon = \epsilon$ のとき（コーシーの主値といいます）は 0 になります．

（2）第 2 種広義積分

　積分区間が半無限であったり，無限の場合の積分を第 2 種広義積分とよび，以下のように定義します．すなわち，区間 $[a, \infty]$ における定積分を

$$\int_a^\infty f(x)dx = \lim_{b \to \infty} \int_a^b f(x)dx \tag{3.7.4}$$

によって定義します．同様に

$$\int_{-\infty}^b f(x)dx = \lim_{a \to -\infty} \int_a^b f(x)dx \tag{3.7.5}$$

$$\int_{-\infty}^\infty f(x)dx = \lim_{a \to -\infty, b \to \infty} \int_a^b f(x)dx \tag{3.7.6}$$

と定義します．

Example 3.7.2

　$\alpha > 0$ として，$\Gamma(\alpha)$ を

$$\Gamma(\alpha) = \int_0^\infty x^{\alpha-1}e^{-x}dx \tag{3.7.7}$$

によって定義します*3．このとき，$\Gamma(\alpha+1) = \alpha\Gamma(\alpha)$ であることを示し，特に $\alpha = n$（正整数）のとき，$\Gamma(n+1) = n!$ であることを示しなさい．

[**Answer**]

$$\Gamma(\alpha+1) = \int_0^\infty x^\alpha e^{-x}dx = \lim_{b \to \infty}\left[-e^{-x}x^\alpha\right]_0^b + \int_0^\infty \alpha x^{\alpha-1}e^{-x}dx$$
$$= \lim_{b \to \infty}\left(-e^{-b}b^\alpha\right) + \alpha\Gamma(\alpha) = \alpha\Gamma(\alpha)$$

特に

$$\Gamma(1) = \int_0^\infty e^{-x}dx = \left[-e^{-x}\right]_0^\infty = 1$$

より

$$\Gamma(n+1) = n\Gamma(n) = n(n-1)\Gamma(n-1) = n(n-1)\cdots 1\Gamma(1) = n!$$

---

*3　式 (3.7.7) で定義される関数をガンマ関数とよび，この **Example** からわかるように階乗の実数への拡張になっています．

3.8　定積分の応用

　定積分とは定義式 (3.4.2) から「微小区間の区間幅とそこでの関数値の積（すなわち微小面積）を全区間にわたって足し合わせる演算」を意味しています. もっともわかりやすい例は平面図形の面積ですが, 上記の定積分の意味を「微小な量の和」と拡張解釈することにより, 定積分は微小量の和として表される種々の量を求める場合に応用できます.

（1）面積

　定積分の定義のところでも述べましたが, 関数 $f(x)$ と x 軸の間の部分で, 直線 $x = a$, $x = b$ に挟まれた部分の面積 S は

Point

$$S = \int_a^b f(x)dx \tag{3.8.1}$$

となります. このことを利用すれば平面図形の面積が定積分を用いて表せます.

Example 3.8.1

　軸の長さが $2a$ と $2b$ の楕円の面積 S を求めなさい.

[Answer]
楕円の方程式は

$$\frac{x^2}{a^2} + \frac{y^2}{b^2} = 1$$

であり, これから

$$y = \frac{b}{a}\sqrt{a^2 - x^2}$$

は楕円の x 軸より上の部分（上半分）を表します. また x 軸との交点は $x = \pm a$ です. したがって,

$$\frac{S}{2} = \frac{b}{a}\int_{-a}^a \sqrt{a^2 - x^2}dx$$

となります. この積分を計算するために, $x = a\sin\theta$ とおけば, 被積分関数は

$a\cos\theta$ となり，また $dx = a\cos\theta d\theta$ であり，θ は 0 から π まで変化します．したがって，

$$S = \frac{2b}{a} \int_0^\pi a^2 \cos^2\theta d\theta = 2ab \int_0^\pi \frac{1 + \cos 2\theta}{2} d\theta = \pi ab$$

（2）極座標で表わされた図形の面積

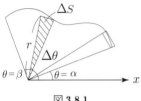

図 **3.8.1**

　曲線の方程式が $r = f(\theta)$ のように極座標表示されている場合を考えます．図 **3.8.1** において中心角 $\Delta\theta$ の細長い扇形の面積 ΔS は $\Delta S = r^2 \Delta\theta/2 = f^2 \Delta\theta/2$（三角形の面積で近似）です．したがって，図に示すような，角度が α と β に挟まれた領域の面積 S は ΔS を足し合わせたものなので

Point

$$S = \frac{1}{2} \int_\alpha^\beta \{f(\theta)\}^2 \, d\theta \qquad (3.8.2)$$

になります．

Example 3.8.2

　$r^2 = 2a^2\cos 2\theta$ で囲まれた図形の面積を求めなさい．

[**Answer**]

$r^2 = 2a^2\cos 2\theta$ を，θ にいろいろな値を代入して r を計算することにより図示すると図 **3.8.2** のようになります．そこで，右半分（図から，$-\pi/4 \leqq \theta \leqq \pi/4$）を考え，それを 2 倍します．このとき，式（3.8.2）から

$$S = 2 \times \frac{1}{2} \int_{-\pi/4}^{\pi/4} 2a^2 \cos 2\theta d\theta = a^2 \left[\sin 2\theta \right]_{-\pi/4}^{\pi/4} = 2a^2$$

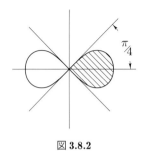

図 **3.8.2**

（3）体積

　次に立体の体積を求めてみます．ただし，立体を x 軸に垂直な面で切ったとき，その切り口の面積 S が x の関数として与えられているものとします．そして，図 **3.8.3** に示すように $S(x)$ の定義域が $a \leqq x \leqq b$ であるとします．立体の体積は微小な厚さ Δx をもつ薄い板の体積 $S(x)\Delta x$ の和とみなせるため，

Point

$$V = \int_a^b S(x)dx \qquad (3.8.3)$$

で与えられます．

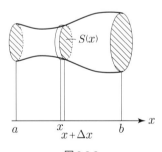

図 **3.8.3**

　なお，曲線 $y = f(x)$ を x 軸のまわりに回転させてできる立体の体積は $S(x) = \pi y^2 = \pi \{f(x)\}^2$ であるため次式となります．

Point

$$V = \pi \int_a^b \{f(x)\}^2 \, dx \qquad (3.8.4)$$

Example 3.8.3

軸の長さが $2a$，$2b$，$2c$ 楕円面で囲まれた部分の体積を求めなさい．

[**Answer**]

楕円面は

$$\frac{x^2}{a^2} + \frac{y^2}{b^2} + \frac{z^2}{c^2} = 1$$

で表されます．この楕円面を

$$z = p \quad (-c \leqq p \leqq c)$$

で切った切り口は

$$\frac{x^2}{a^2} + \frac{y^2}{b^2} = 1 - \frac{p^2}{c^2} \quad \text{すなわち} \quad \frac{x^2}{a^2(1 - p^2/c^2)} + \frac{y^2}{b^2(1 - p^2/c^2)} = 1$$

となり，軸の長さが $2a\sqrt{1 - p^2/c^2}$ と $2b\sqrt{1 - p^2/c^2}$ の楕円になります．そしてその面積は **Example 3.8.1** から

$$\pi a\sqrt{1 - \frac{p^2}{c^2}}\, b\sqrt{1 - \frac{p^2}{c^2}} = \pi ab\left(1 - \frac{p^2}{c^2}\right)$$

となります．したがって，体積は式（3.8.1）から

$$V = \int_{-c}^{c} \pi ab\left(1 - \frac{p^2}{c^2}\right) dp = \frac{4\pi}{3}abc$$

です．特に $a = b = c = r$（球の体積）のとき，$V = 4\pi r^3/3$ となります．

Problems　　　　　　　　　　　　　　　　　　　Chapter 3

1. 次の関数を不定積分しなさい.

   (a) $\displaystyle\int x^3(x-2)^2 dx$　　(b) $\displaystyle\int \frac{x^2}{x^2+9}dx$　　(c) $\displaystyle\int \frac{1}{9x^2-4}dx$

2. 次の関数を不定積分しなさい.

   (a) $\displaystyle\int \frac{1}{x^2-3x+2}dx$　　(b) $\displaystyle\int \frac{1}{x^3+1}dx$　　(c) $\displaystyle\int \frac{x^3+1}{x(x-1)^3}dx$

3. 次の関数を不定積分しなさい.

   (a) $\displaystyle\int \cos^3 x\,dx$　　(b) $\displaystyle\int \frac{\cos^3 x}{\sin^2 x}dx$　　(c) $\displaystyle\int \frac{\sin x}{1+\sin x}dx$

4. 次の関数を不定積分しなさい（$a>0$）.

   (a) $\displaystyle\int \sqrt{\frac{x-1}{x+1}}dx$　　(b) $\displaystyle\int \frac{dx}{x+\sqrt{x-1}}$　　（$\sqrt{x-1}=t$ とおく）

5. 次の関数を不定積分しなさい.

   (a) $\displaystyle\int \frac{1}{e^{3x}-3e^x}dx$　　(b) $\displaystyle\int \sqrt{e^x-1}\,dx$　　(c) $\displaystyle\int x(\log x)^2 dx$

6. 次の定積分の値を求めなさい.

   (a) $\displaystyle\int_0^1 \frac{1}{1+x^2}dx$　　(b) $\displaystyle\int_0^1 \frac{2x+1}{x^2+x+1}dx$

7. 次の定積分の値を求めなさい.

   (a) $\displaystyle\int_0^{\pi/2} \frac{\sin x}{1+\cos^2 x}dx$　　(b) $\displaystyle\int_0^{\pi/2} \frac{1}{5+3\cos x}dx$

8. 次式を証明しなさい.

   (a) $\displaystyle\int \cos^n x\,dx = \int_0^{\pi/2} \sin^n x\,dx = \int_0^{\pi/2} \cos^n x\,dx$ を説明しなさい.

   (b) $I_n = (\cos^{n-1}x \sin x)/n + (n-1)/n\ I_{n-2}$

   (c) I_n の値を求めなさい.

Chapter 4
多変数の関数の微分と積分

4.1 多変数の関数

2つの変数 x, y と1つの変数 z の間に関係があって，x と y の値に応じて z の値が定まるとき，z は x, y の関数であるといいます．そして，x, y を独立変数，z を従属変数とよび，

$$z = f(x, y)$$

などの記号で表します．また，1変数の場合と同じく独立変数が定義されている領域を定義域[*1]，それに対応して従属変数の取りうる範囲を値域といいます．

x, y が a, b に限りなく近づく場合に，z が一定値 c に限りなく近づくとき，

$$\lim_{x \to a, y \to b} f(x, y) = c \tag{4.1.1}$$

と書きます．ただし，x, y が a, b に近づく場合には，近づき方は無数にあることに注意が必要です．点 (a, b) への近づき方によらずに一定値 c に近づく場合にのみ上の極限が存在することになります．

Example 4.1.1

次の極限値が存在するかどうかを調べなさい．

$$\lim_{x \to 0, y \to 0} \frac{x^2 + y^2}{x^2 - y^2}$$

[Answer]
直線 $y = mx$ に沿って x と y が 0 に近づいたとすれば

$$\lim_{x \to 0, y \to 0} \frac{x^2 + y^2}{x^2 - y^2} = \frac{1 + m^2}{1 - m^2}$$

---

*1 一般に定義域は xy 平面上で広がりをもった領域になります．

となりますが, 左辺の値は m によって変化します. したがって極限値は存在しません.

---

2 変数の関数が定義域内の点 $x = a$, $y = b$ で連続であるとは,

$$\lim_{x \to a, y \to b} f(x, y) = f(a, b) \tag{4.1.2}$$

が成り立つことであり, また定義域内の領域 D に属するすべての点で式 (4.1.2) が成り立つとき, $f(x, y)$ は領域 D において連続であるといいます.

以上に述べたことは, 2 変数の関数ばかりでなく 3 変数以上の関数（これらをまとめて多変数の関数といいます）にも容易に拡張されます.

1 変数の関数と同じく, ある領域で連続な 2 つ以上の多変数の関数について, それらの和, 差, 積, 商（分母は 0 でないとします）は同じ領域において連続です. また, 連続関数と連続関数の合成関数[*2] も連続になります.

4.2 偏導関数

2 変数の関数 $z = f(x, y)$ は, たとえば y を一定値にすれば, x だけの関数になります. この関数に対して, 微分係数や導関数を計算してみます. 関数 z は, 一定値を $y = b$ とすれば, $z = f(x, b)$ というように x のみの関数になりますが, この関数の点 $x = a$ における微分係数は次式から計算できます.

$$\lim_{h \to 0} \frac{f(a + h, b) - f(a, b)}{h} \tag{4.2.1}$$

この値を関数 $f(x, y)$ の点 (a, b) における（x に関する）**偏微分係数**とよび, f に添え字 x をつけて $f_x(a, b)$ と表すことにします.

f の x に関する偏微分係数は一定値 $y = b$ を変化させても, また x の値を変化させても, それに応じて値が変化するため x と y の関数とみなすことができます. このように偏微分係数を x, y の関数とみなしたとき, 関数 $f(x, y)$ の x に関する**偏導関数**とよび, 記号

$$f_x(x, y), \quad \frac{\partial f(x, y)}{\partial x}, \quad \frac{\partial f}{\partial x}$$

[*2] 合成関数については 4.4 節参照.

などで表します．また，偏導関数を求めることを x で偏微分するといいます．

　同様に y に対しても，偏微分係数や偏導関数，偏微分などが定義でき記号

$$f_y(x,y), \quad \frac{\partial f(x,y)}{\partial y}, \quad \frac{\partial f}{\partial y}$$

などで表します．

　実際に x に関する偏導関数を計算する場合には，定義から，y を定数とみなして，x に関して微分します．同様に y に関する偏導関数を計算する場合には，x を定数とみなして，y に関して微分します．

　以上の定義や計算法は多変数の場合にも容易に拡張されます．たとえば，3 変数の関数 $u = g(x, y, z)$ の点 (a, b, c) における x に関する偏導関数は

$$g_x(a,b,c) = \lim_{h \to 0} \frac{g(a+h,b,c) - g(a,b,c)}{h} \tag{4.2.2}$$

で定義されます．x に関する偏導関数 g_x を計算する場合には，y，z を定数とみなして x で微分します．他の変数に関する偏微分も同様です．

Example 4.2.1

$f = \sqrt{x^2 + y^2}$, $g = \tan^{-1}(y/x)$ に対して，

f_x, f_y, g_x, g_y

を求めなさい．

[Answer]

$$f_x = \frac{x}{\sqrt{x^2+y^2}}, \quad f_y = \frac{y}{\sqrt{x^2+y^2}}$$

$$g_x = \frac{-y/x^2}{1+(y/x)^2} = -\frac{y}{x^2+y^2}, \quad g_y = \frac{1/x}{1+(y/x)^2} = \frac{x}{x^2+y^2}$$

4.3　高次の偏導関数

$f(x, y)$ の x に関する偏導関数 $f_x(x, y)$ は x, y の関数であるため，さらに f_x の x や y に関する偏導関数も考えられます．それらを

$$f_{xx}(x,y), \quad \frac{\partial}{\partial x}\left(\frac{\partial f}{\partial x}\right), \quad \frac{\partial^2 f}{\partial x^2}$$

$$f_{xy}(x,y), \quad \frac{\partial}{\partial y}\left(\frac{\partial f}{\partial x}\right), \quad \frac{\partial^2 f}{\partial y \partial x}$$

などの記号で表します．同様に，$f(x, y)$ の y に関する偏導関数 $f_y(x, y)$ も x, y の関数であり，その x や y に関する偏導関数も考えられます．それらを

$$f_{yx}(x,y), \quad \frac{\partial}{\partial x}\left(\frac{\partial f}{\partial y}\right), \quad \frac{\partial^2 f}{\partial x \partial y}$$

$$f_{yy}(x,y), \quad \frac{\partial}{\partial y}\left(\frac{\partial f}{\partial y}\right), \quad \frac{\partial^2 f}{\partial y^2}$$

などと記します．ここで f_{xy}, f_{yx} が連続であれば $f_{xy} = f_{yx}$ が成り立つことが知られています．

Example 4.3.1

$f = x^3 - 3xy^2$, $g = e^x \sin y$ のとき，$f_{xx} + f_{yy}$, $g_{xx} + g_{yy}$ を求めなさい．

[**Answer**]

$$f_x = 3x^2 - 3y^2, \quad f_{xx} = 6x, \quad f_y = -6xy, \quad f_{yy} = -6x$$

より

$$f_{xx} + f_{yy} = 0$$

$$g_x = e^x \sin y, \quad g_{xx} = e^x \sin y, \quad g_y = e^x \cos y, \quad g_{yy} = -e^x \sin y$$

より

$$g_{xx} + g_{yy} = 0$$

4.4 合成関数の微分法

2変数の関数 $z = f(u, v)$ の独立変数 u, v のそれぞれが，別の独立変数 x の関数になっている場合，すなわち

$$u = u(x), \quad v = v(x)$$

である場合を考えます．この場合，

$$z = f(u(x), v(x))$$

と書けるため，z はひとつの独立変数 x の関数とみなすことができます．このとき，z を x で微分してみます．x が x から $x + h$ に変化したとき，それに応じて $u(x)$, $v(x)$ も $u(x + h)$, $v(x + h)$ に変化します．この変化分を

$$\Delta u = u(x + h) - u(x), \quad \Delta v = v(x + h) - v(x)$$

と記すことにすれば，z の変化を h で割ったものは

$$\{f(u + \Delta u, v + \Delta v) - f(u, v)\} / h$$
$$= \{f(u + \Delta u, v + \Delta v) - f(u, v + \Delta v) + f(u, v + \Delta v) - f(u, v)\} / h$$
$$= \frac{f(u + \Delta u, v + \Delta v) - f(u, v + \Delta v)}{\Delta u} \frac{u(x + h) - u(x)}{h}$$
$$+ \frac{f(u, v + \Delta v) - f(u, v)}{\Delta v} \frac{v(x + h) - v(x)}{h}$$

となります．ここで $h \to 0$ のとき，$\Delta u \to 0$, $\Delta v \to 0$ であるため，

$$\frac{df}{dx} = \lim_{h \to 0} \frac{f(u + \Delta u, v + \Delta v) - f(u, v)}{h}$$
$$= \lim_{\Delta u \to 0} \frac{f(u + \Delta u, v + \Delta v) - f(u, v + \Delta v)}{\Delta u} \lim_{h \to 0} \frac{u(x + h) - u(x)}{h}$$
$$+ \lim_{\Delta v \to 0} \frac{f(u, v + \Delta v) - f(u, v)}{\Delta v} \lim_{h \to 0} \frac{v(x + h) - v(x)}{h}$$
$$= \frac{\partial f}{\partial u} \frac{du}{dx} + \frac{\partial f}{\partial v} \frac{dv}{dx}$$

となります．すなわち，公式

Point

$$\frac{df}{dx} = \frac{\partial f}{\partial u} \frac{du}{dx} + \frac{\partial f}{\partial v} \frac{dv}{dx} \tag{4.4.1}$$

が得られます.

次に関数 $z = f(u, v)$ において，u, v がそれぞれ x, y の関数

$$u = u(x, y), \quad v = v(x, y)$$

である場合には，z は x, y の関数になります．したがって，微分は x または y の偏微分になります．x で偏微分する場合は y を定数と考えて微分すればよいので，式(4.4.1) からただちに

Point

$$\frac{\partial f}{\partial x} = \frac{\partial f}{\partial u}\frac{\partial u}{\partial x} + \frac{\partial f}{\partial v}\frac{\partial v}{\partial x} \tag{4.4.2}$$

が得られます．同様に y で偏微分すれば

Point

$$\frac{\partial f}{\partial y} = \frac{\partial f}{\partial u}\frac{\partial u}{\partial y} + \frac{\partial f}{\partial v}\frac{\partial v}{\partial y} \tag{4.4.3}$$

となります．

4.5　多変数のテイラー展開

本節では多変数のテイラー展開，すなわちテイラー展開の多変数の関数への拡張を考えます．

$z = f(x, y)$ において $x = a + ht$, $y = b + kt$ の場合には，z は x と y をとおして t の関数になります．合成関数の微分法を用いて z を t で微分すると，式(4.4.1) から

$$\frac{dz}{dt} = \frac{\partial z}{\partial x}\frac{dx}{dt} + \frac{\partial z}{\partial y}\frac{dy}{dt} = h\frac{\partial z}{\partial x} + k\frac{\partial z}{\partial y}$$

となります．さらに，もう一度 t で微分すれば

$$\frac{d^2z}{dt^2} = h\frac{\partial}{\partial x}\left(h\frac{\partial z}{\partial x} + k\frac{\partial z}{\partial y}\right) + k\frac{\partial}{\partial y}\left(h\frac{\partial z}{\partial x} + k\frac{\partial z}{\partial y}\right)$$

$$= h^2\frac{\partial^2 z}{\partial x^2} + 2hk\frac{\partial^2 z}{\partial x\partial y} + k^2\frac{\partial^2 z}{\partial y^2}$$

が得られます．この関係を

$$\frac{d^2 z}{dt^2} = \left(h\frac{\partial}{\partial x} + k\frac{\partial}{\partial y} \right)^2 z$$

と記すことにします．この記法では $\partial/\partial x$, $\partial/\partial y$ をひとつの文字とみなして積を計算するものとします．たとえば

$$\frac{\partial}{\partial x}\frac{\partial}{\partial x} = \frac{\partial^2}{\partial x^2}, \quad \frac{\partial}{\partial x}\frac{\partial}{\partial y} = \frac{\partial^2}{\partial x\partial y}$$

のように計算します．数学的帰納法を用いれば，一般に

Point

$$\frac{d^n z}{dt^n} = \left(h\frac{\partial}{\partial x} + k\frac{\partial}{\partial y} \right)^n z \tag{4.5.1}$$

が成り立つことがわかります．

　さて，$f(x, y)$ は領域 D 内で連続で，n 階まで連続な導関数をもつと仮定します．このとき，

$$f(x + ht, y + kt) = g(t)$$

とおき，$g(t)$ をマクローリン展開すると，$0 < \theta < 1$ として

$$g(t) = g(0) + tg'(0) + \frac{t^2}{2!}g''(0) + \cdots + \frac{t^{n-1}}{(n-1)!}g^{(n-1)}(0) + \frac{t^n}{n!}g^{(n)}(\theta t)$$

となります．したがって，式 (4.5.1) から

$$f(x + ht, y + kt) = f(x,y) + t\left(h\frac{\partial}{\partial x} + k\frac{\partial}{\partial y} \right) f(x,y) + \cdots$$

$$+ \frac{t^{n-1}}{(n-1)!}\left(h\frac{\partial}{\partial x} + k\frac{\partial}{\partial y} \right)^{n-1} f(x,y)$$

$$+ \frac{t^n}{n!}\left(h\frac{\partial}{\partial x} + k\frac{\partial}{\partial y} \right)^n f(x + h\theta t, y + k\theta t)$$

が得られます．この式で $t = 1$ とおけば，

> **Point**
>
> $$f(x+h,y+k) = f(x,y) + \sum_{r=1}^{n-1}\frac{1}{r!}\left(h\frac{\partial}{\partial x} + k\frac{\partial}{\partial y}\right)^r f(x,y)$$
>
> $$+ \frac{1}{n!}\left(h\frac{\partial}{\partial x} + k\frac{\partial}{\partial y}\right)^n f(x+\theta h, y+\theta k)$$
>
> $$(0 < \theta < 1) \tag{4.5.2}$$

となります．この式はテイラー展開を 2 変数に拡張したものです．

特に，式 (4.5.2) で $n = 2$ とおけば

$$f(x+h,y+k) = f(x,y) + hf_x(x,y) + kf_y(x,y) + \frac{1}{2}\{h^2 f_{xx}(x+\theta h, y+\theta k)$$
$$+ 2hk f_{xy}(x+\theta h, y+\theta k) + k^2 f_{yy}(x+\theta h, y+\theta k)\}$$

となります．

式 (4.5.2) において $x = y = 0$ とおいた上で $h = x,\ k = y$ とすれば

> **Point**
>
> $$f(x,y) = f(0,0) + \frac{1}{1!}\left(x\frac{\partial}{\partial x} + y\frac{\partial}{\partial y}\right)f(0,0) + \frac{1}{2!}\left(x\frac{\partial}{\partial x} + y\frac{\partial}{\partial y}\right)^2 f(0,0)$$
>
> $$+ \cdots + \frac{1}{(n-1)!}\left(x\frac{\partial}{\partial x} + y\frac{\partial}{\partial y}\right)^{n-1} f(0,0)$$
>
> $$+ \frac{1}{n!}\left(x\frac{\partial}{\partial x} + y\frac{\partial}{\partial y}\right)^n f(\theta x, \theta y) \quad (0 < \theta < 1) \tag{4.5.3}$$

となります．なお，上式で微分演算の後ろにある $f(0,\,0)$ は $f(x,\,y)$ を微分したあと $x = y = 0$ とおくことを意味しています．これを 2 変数のマクローリンの定理といいます．

4.6　全　微　分

関数 $z = f(x,\,y)$ が連続な偏導関数をもつ領域において，Δx，Δy を微小な数として，x が $x + \Delta x$ に，y が $y + \Delta y$ に変化するとします．このとき，その変化に応じて z も $z + \Delta z$ に変化しますが，この z の変化分を見積もってみます．2 変数のテイラー展開の公式から

$$f(x + \Delta x, y + \Delta y) = f(x, y) + \Delta x f_x(x, y) + \Delta y f_y(x, y)$$
$$+ \frac{1}{2} \left\{ (\Delta x)^2 f_{xx}(x + \theta \Delta x, y + \theta \Delta y) + 2\Delta x \Delta y f_{xy}(x + \theta \Delta x, y + \theta \Delta y) \right.$$
$$\left. + (\Delta y)^2 f_{yy}(x + \theta \Delta x, y + \theta \Delta y) \right\}$$

となりますが，

$$|\Delta x|, \quad |\Delta y|$$

が小さい場合には，これらの数に比べて，2 次の項

$$|\Delta x|^2, \quad |\Delta x \Delta y|, \quad |\Delta y|^2$$

は非常に小さいと考えられます．そこで，そのような場合に 2 次の項を省略し，また z の増分を dz と記すと

$$dz = f(x + \Delta x, y + \Delta y) - f(x, y) \sim \Delta x f_x(x, y) + \Delta y f_y(x, y)$$

となります．この dz を $z = f(x, y)$ の全微分といいます．特に上の式で $z = x$ の場合には，$f_x = 1$，$f_y = 0$ であるため，$dz = dx = \Delta x$ となり，同様に $z = y$ の場合には $dz = dy = \Delta y$ となります．したがって上式は

$$dz = f_x(x, y)dx + f_y(x, y)dy \tag{4.6.1}$$

と書くことができます*3.

4.7 偏微分法の応用

偏微分の応用として，極値問題をとりあげます．テイラー展開の公式から

$$f(x, y) = f(a, b) + P(x - a) + Q(y - b)$$
$$+ \frac{1}{2} \left\{ A(x - a)^2 + 2B(x - a)(y - b) + C(y - b)^2 \right\} + h(x, y)$$

ただし，

---

*3　多変数関数に対する「全微分」は 1 変数関数に対する「微分」の拡張になっています．すなわち，1 変数の場合，ある点における $y = f(x)$ の微分とは，その点を通る接線上の少し離れた点がもとの点より y 方向にどれだけ増加しているかを示す量でした．これに対応して，2 変数の関数 $z = f(x, y)$ のある点における全微分は，その点を通る接平面上の少し離れた点がもとの点より z 方向にどれだけ増加しているかを示す量とみなせます．

$$P = f_x(a,b), \ Q = f_y(a,b)$$

$$A = f_{xx}(a,b), \ B = f_{xy}(a,b), \ C = f_{yy}(a,b)$$

であり，$h(x,\ y)$ は点 $(x,\ y)$ が点 $(a,\ b)$ に近づいたとき，2次式よりも速く 0 になる関数です．この式は関数 $f(x,\ y)$ が点 $(a,\ b)$ の近くで，まず 1 次式（平面）で近似されることを意味し，さらにより正確には 2 次式（2 次曲面）で近似されることを意味しています．ここで，$f_x(a,\ b) = 0, f_y(a,\ b) = 0$ であれば，点 $(a,\ b)$ において接平面

$$f(x,y) = f(a,b) + P(x-a) + Q(y-b)$$

の傾きが 0 であると考えられるため，極値をとることになります（必要条件）．さらにこのとき，2 次の項まで考え，$x - a = h$，$y - b = k$ とおけば

$$f(x,y) = f(a,b) + \frac{1}{2}\left(Ah^2 + 2Bhk + Ck^2\right)$$

$$= f(a,b) + \frac{k^2}{2}\left(At^2 - 2Bt + C\right)$$

となります．ただし $t = h/k$ です．ここで $At^2 + 2Bt + C$ は $B^2 - AC < 0$ のとき符号は一定で A の符号と同じになります．したがって，$A > 0$ のとき $f(x,\ y)$ は $x = a,\ y = b$ の近くで $f(a,\ b)$ より大きくなるので，$f(a,b)$ が極小であり，同様に $A < 0$ のときは極大であることがわかります．一方，$B^2 - AC > 0$ のとき $At^2 + 2Bt + C$ は正にも負にもなるため，$x = a,\ y = b$ は極大でも極小でもありません．以上をまとめると次のようになります．

1. **$B^2 - AC < 0$ の場合，もし $A > 0$ なら極小値をとり $A < 0$ ならば極大値をとる．**

2. **$B^2 - AC > 0$ の場合には，鞍点（図 4.7.1）になり極大でも極小でもない．**

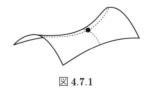

図 4.7.1

3. **$AC - B^2 = 0$ の場合には，判定できない．**

Example 4.7.1

$u = x^3 + y^3 - 3xy$ の極値を求めなさい.

[**Answer**]

$f(x, y) = x^3 + y^3 - 3xy$ とおくと

$$f_x(x,y) = 3x^2 - 3y, \quad f_y(x,y) = 3y^2 - 3x$$

$f_x = 0$, $f_y = 0$ を解くと, $y = x^2$, $x = y^2$ より

x または y を消去して $y = y^4$, $x = x^4$

これらの連立方程式を満たす実根は

(a) $x = y = 0$ または (b) $x = y = 1$

(a) の場合は ($f_{xx} = 6x$, $f_{xy} = -3$, $f_{yy} = 6y$ より)

$$A = f_{xx}(0,0) = 0, \quad B = f_{xy}(0,0) = -3, \quad C = f_{yy}(0,0) = 0$$

であるので $B^2 - AC = 9$ となり極値にはなりません.

(b) の場合は

$$A = f_{xx}(1,1) = 6, \quad B = f_{xy}(1,1) = -3, \quad C = f_{yy}(1,1) = 6$$

より $B^2 - AC = -27$. $A > 0$ であるため, 極小値として

$$f(1,1) = -1$$

が得られます.

4.8 条件付き極値問題

関数 $z = g(x,y)$ の極値を, ある与えられた x と y の間の条件 (これを $f(x,y) = 0$ とします) のもとで求めることを考えてみます. たとえば x と y の間に $x^2 + y^2 = c^2$ という関係があるとき $z = x + y$ の極値を求めるというのがその例になっています. このような問題を条件付き極値問題とよんでいます.

さて, 29 ページでも述べたように, x と y の関数が $f(x,y) = 0$ の形をしているとき陰関数といいますが, この形の関数に対して以下の定理 (陰関数定理) が成り立つことが知られています.

関数 $f(x,y) = 0$ はある領域において連続で，かつ連続な偏導関数 f_x, f_y をもつとする．さらに，領域内の一点 (a,b) において $f(a,b) = 0$ とする．このとき，$f_y(a,b) \neq 0$ であれば，点 $x = a$ の近くで

$$f(x, u(x)) = 0, \quad b = u(a)$$

を満足する関数が一意に決まり，また y の x に関する導関数は

$$\frac{dy}{dx} = -\frac{f_x(x,y)}{f_y(x,y)} \tag{4.8.1}$$

により計算できる．

　陰関数表示された関数 $f(x,y) = 0$ は通常，y について解けないか，解けても多価関数になることが普通です．たとえば $x^2 + y^2 = c^2$ の場合には 2 価関数 $y = \pm\sqrt{c^2 - x^2}$ になります．陰関数定理は，$x^2 + y^2 = c^2$ 上の 1 点の近くで，$\pm$ のどちらか一方が決まるということを主張しています．ただし，この円周上の点に対して x 軸との 2 つの交点 $(\pm c,0)$ においては $\pm$ のどちらか一方には決まりませんが，それらの点では $f_y(\pm c, 0) = 0$ となり定理の条件は満たされていません．なお，式（4.8.1）は，$f(x,y) = 0$ を x で微分すると，合成関数の微分の公式から

$$0 = \frac{df(x,y)}{dx} = \frac{\partial f}{\partial x}\frac{dx}{dx} + \frac{\partial f}{\partial y}\frac{dy}{dx}$$

となり，これを dy/dx について解くことにより得られます（$dx/dx = 1$）．

　式 (4.8.1) より，陰関数表示された関数の極値をとる点では $f_x(x,y) = 0$ となるため，この式と $f(x,y) = 0$ を連立させて x,y の候補を求めることになります．式 (4.8.1) をもう一度微分すると

$$\frac{d^2y}{dx^2} = -\frac{d}{dx}\left(\frac{f_x}{f_y}\right) = -\left(\frac{f_x}{f_y}\right)_x - \left(\frac{f_x}{f_y}\right)_y \frac{dy}{dx}$$

$$= -\frac{f_{xx}f_y - f_x f_{xy}}{f_y^2} - \frac{f_{xy}f_y - f_x f_{yy}}{f_y^2}\left(-\frac{f_x}{f_y}\right)$$

$$= -\frac{f_{xx}(f_y)^2 - 2f_x f_y f_{xy} + (f_x)^2 f_{yy}}{f_y^3}$$

となります．極値をとる点では $f_x = 0$ であるので，d^2y/d^2x の正負と $-f_{xx}/f_y$

の正負は一致します．したがって，そのような点で $f_{xx}/f_y > 0$ ならば極大値，$f_{xx}/f_y < 0$ ならば極小値となります．

　次に条件付き極値問題において，$z = g(x,y)$ から陰関数表示された y を消去できれば，z は x のみの関数となります．そこで，通常の 1 変数の関数と同じようにように $dz/dx = 0$ を満たす x をもとめ，その点において d^2z/dx^2 の正負を調べればよいことになります．式 (4.8.1) を用いれば $f_y(x,y) \neq 0$ のとき

$$\frac{dz}{dx} = \frac{\partial g}{\partial x}\frac{dx}{dx} + \frac{\partial g}{\partial y}\frac{dy}{dx} = g_x + g_y\frac{dy}{dx} = \frac{g_x f_y - g_y f_x}{f_y}$$

であるので，極値をとる点では

$$f(x,y) = 0, \quad g_x(x,y)f_y(x,y) - g_y(x,y)f_x(x,y) = 0 \tag{4.8.2}$$

が成り立ちます．式 (4.8.2) の第 2 式は λ を定数として，

$$G(x,y) = g(x,y) + \lambda f(x,y) \tag{4.8.3}$$

とおいたとき

$$G_x(x,y) = 0, \quad G_y(x,y) = 0$$

から λ を消去しても得られます．そこで

　　$f(x,y) = 0$ のとき，$g(x,y)$ を極大または極小にする x, y の値は $G = g + \lambda f$ とおけば，連立方程式

$$f(x,y) = 0, \quad G_x(x,y) = 0, \quad G_y(x,y) = 0$$

　　の根である．ただし，$f_x^2 + f_y^2 \neq 0$ とする．

このようにして条件付きの極値問題を解く方法をラグランジュの未定定数法とよんでいます．

　ラグランジュの未定定数法は最大値や最小値をもつことがわかっている問題に対して，それらの具体的な値を求める場合に便利な方法です．

Example 4.8.1

　ある材料で一定の容量Vをもつ, ふたのない円柱形の容器をつくるとします. 側面の厚さをa, 底面の厚さをbとして, 材料の量が最小になるときの容器の半径と高さの比を求めなさい.

[Answer]
図 **4.8.1** に示すように, 内径を x, 深さを y とすれば, 必要な材料の量と容器の容積は

$$\pi(x+a)^2(y+b) - V, \quad V = \pi x^2 y$$

となります. そこで, ラグランジュの未定乗数法にしたがって

$$G = \pi(x+a)^2(y+b) - V + \lambda(\pi x^2 y - V)$$

とおきます. このとき

$$\frac{\partial G}{\partial x} = 2\pi(x+a)(y+b) + 2\pi\lambda xy, \quad \frac{\partial G}{\partial y} = \pi(x+a)^2 + \pi\lambda x^2$$

となるため, $G_x = G_y = 0$ ならば

$$(x+a)(x+b) = -\lambda xy, \quad (x+a)^2 = -\lambda x^2$$

第1式を第2式で割って λ を消去すれば

$$\frac{y+b}{x+a} = \frac{y}{x} \quad \text{すなわち} \quad \frac{y}{x} = \frac{b}{a}$$

となります. 幾何形状から最小値をとることは明らかなので, $x:y = a:b$ が答えになります.

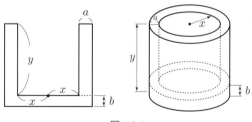

図 **4.8.1**

4.9 2重積分

2変数の関数$z = f(x, y)$に定積分を拡張する場合には，$f(x, y)$が曲面を表すため，積分は曲面と底面（xy面）の間にできる立体の体積と考えます．

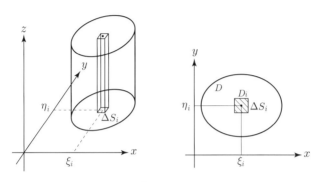

図**4.9.1**

体積を求めるため図**4.9.1**に示すように底面DをN個の小領域に分割します．この小領域に番号をつけて，D_1, D_2, …, D_Nとして，それぞれの領域の面積をΔS_1, ΔS_2, …, ΔS_Nとします．小領域の分割の仕方は任意ですが，$N \to \infty$のときすべて0になるようにします．そして，領域D_iに含まれる1点を(ξ_i, η_i)とします．このとき，底面が領域D_iの形で，上の面が$f(x, y)$，また側面がD_iの境界線を通ってxy面に垂直な面であるような柱体を考えます．この柱体の体積は$f(\xi_i, \eta_i)\Delta S_i$で近似できます．したがって，領域全体の体積$V$はこの細長い柱体の体積の総和で近似されます．そこで，$N \to \infty$の極限において（$\Delta S_i \to 0$の条件のもとで），小領域のとり方にかかわらず総和が一定値に収束する場合，その極限値（すなわち体積）を

$$V = \lim_{N \to \infty} \sum_{i=1}^{N} f(\xi_i, \eta_i)\Delta S_i = \iint_D f(x, y)dS \tag{4.9.1}$$

と記すことにして[*4]，2重積分とよぶことにします．

なお，この定義で特に$f(x, y) = 1$とおけば，2重積分した結果は閉領域Dの面積に等しくなります．

[*4] 小領域がx軸とy軸に平行な辺をもつ長方形の場合式(4.9.1)で$ds = dx$と記します．

4.10　2重積分の性質

証明は省略しますが2重積分に関する基本的な定理に次のものがあります.

閉領域 D において $f(x, y)$ が連続ならば,$f(x, y)$ は領域 D で2重積分可能である.

このことは $f(x, y)$ が連続あれば,体積が定義できることからも理解できます.

さらに,2重積分には以下の諸性質があります.

$f(x, y)$,$g(x, y)$ は領域 D において連続関数であり,また α,β は定数とします.このとき

(a) $\displaystyle\iint_D \{\alpha f(x,y) + \beta g(x,y)\}dS$

$$= \alpha \iint_D f(x,y)dS + \beta \iint_D g(x,y)dS$$

(b) D を2つの領域 D_1,D_2 に分割したとき

$$\iint_D f(x,y)dS = \iint_{D_1} f(x,y)dS + \iint_{D_2} f(x,y)dS$$

(c) D 内で $f(x, y) \leqq g(x, y)$ とすれば

$$\iint_D f(x,y)dS \leqq \iint_D g(x,y)dS$$

(d) $\displaystyle\left| \iint_D f(x,y)dS \right| \leqq \iint_D |f(x,y)|dS$

が成り立ちます.

これらは,定義式(4.9.1)を用いれば証明できますが,2重積分が体積を表すという幾何学な意味を考えても明らかです.

4.11　2重積分の計算法

2重積分を計算するには，$z = f(x,y)$ が表す曲面と底面（xy 面）の間にできる立体の体積 V を計算すればよいことになります．

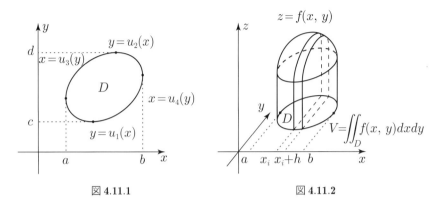

図 4.11.1　　　　　　　　　図 4.11.2

ここで底面の形は図 **4.11.1** に示すように 2 つの曲線 $y = u_1(x)$, $y = u_2(x)$ $(a \le x \le b)$ または $x = u_3(y)$, $x = u_4(y)$ $(c \le y \le d)$ で表されているとします．まず，前者の場合について考えてみます．図 **4.11.2** に示すように体積を求める立体を，x 軸に垂直な面でスライスして多くの薄い立体に分けます．ひとつの薄い立体の左右の側面積（すなわち立体の断面積）はスライスする位置 x により変化するため $S(x)$ と記すことにすれば，定積分のところでも述べましたが，

$$V = \int_a^b S(x)dx \tag{4.11.1}$$

となります．x をひとつの値に固定して，この薄い立体を x 軸の正の方向から見ると図 **4.11.3** のようになります．この図形の面積は $x = x_i$ として y に関する定積分

$$S(x) = \int_{u_1(x)}^{u_2(x)} f(x,y)dy \tag{4.11.2}$$

によって計算できます．ただし，この式を計算するときは x は定数とみなします．全体の体積は式 (4.11.2) を式 (4.11.1) に代入すればよいので

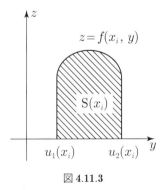

図 **4.11.3**

—87—

$$V = \int_a^b \left(\int_{u_1(x)}^{u_2(x)} f(x,y)dy \right) dx = \int_a^b dx \int_{u_1(x)}^{u_2(x)} f(x,y)dy$$

(4.11.3)

となります．ただし，上式の 2 式と 3 式は同じ意味で，両式とも y に関する積分を先に計算し，その結果として得られた x の関数を x で積分するということを意味しています．

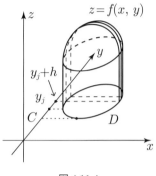

図 4.11.4

　同様に，体積を求める立体を，図 **4.11.4** に示すように y 軸に垂直な面でスライスして多くの薄い立体に分けたとします．ひとつの薄い立体の前後の側面積（いいかえればもとの立体の断面積）はスライスする位置 y により変化するため $S(y)$ と記すことにすれば，

$$V = \int_a^b S(y)dy$$

(4.11.4)

となります．薄い立体の側面積は x に関する定積分

$$S(y) = \int_{u_3(y)}^{u_4(y)} f(x,y)dx$$

(4.11.5)

によって計算できます．ただし，この式を計算するときは y は定数とみなします．全体の体積は式 (4.11.5) を式 (4.11.4) に代入して

$$V = \int_c^d \left(\int_{u_3(y)}^{u_4(y)} f(x,y)dx \right) dy = \int_c^d dy \int_{u_3(y)}^{u_4(y)} f(x,y)dx$$

(4.11.6)

となります．式の計算は，まず x に関する積分を計算し，その結果として得られる y の関数を y で積分します．式 (4.11.3) と式 (4.11.6) は同じ立体の体積であるため，もちろん値は同じになります．

積分領域 D が $a \leq x \leq b,\ c \leq y \leq d$ で表される長方形の場合には, 式 (4.11.3) または式 (4.11.6) において, $u_1(x) = a, u_2(x) = b$ または $u_3(y) = c, u_4(y) = d$ とおけばよく, どちらを用いても積分値は同じになります. その上でもし $f(x,y) = f_1(x)f_2(y)$ である場合には, y に関する積分では $f_1(x)$ は定数とみなせ, x に関する積分では $f_2(y)$ は定数とみなせるため, 積分の外に出すことができます. したがって, 式 (4.11.3) と式 (4.11.6) はどちらも

Point

$$\int_a^b \int_c^d f_1(x)f_2(y)dxdy = \int_a^b f_1(x)dx \int_c^d f_2(y)dy$$

$$(4.11.7)$$

となるため, x に関する積分と y に関する積分を独立に計算し, それらを掛ければよいことになります. 式 (4.11.7) を累次積分とよぶことがあります.

Example 4.11.1

座標軸と $x = a,\ y = b\ (a > 0,\ b > 0)$ で囲まれた長方形領域 A で次の積分を計算しなさい.

(1) $\displaystyle\int_A xydxdy$

(2) $\displaystyle\int_A xy(x^2 - y^2)dxdy$

[**Answer**]

(1) $\displaystyle\int_A xydxdy = \int_0^a xdx \int_0^b ydy = \left[\frac{x^2}{2}\right]_0^a \left[\frac{y^2}{2}\right]_0^b = \frac{a^2b^2}{4}$

(2) $\displaystyle\int_A xy(x^2 - y^2)dx = \int_0^b \left\{\int_0^a xy(x^2 - y^2)dx\right\}dy$

$$= \int_0^b \left[\frac{x^4 y}{4} - \frac{x^2 y^3}{2}\right]_0^a dy = \int_0^b \left(\frac{a^4 y}{4} - \frac{a^2 y^3}{2}\right)dy$$

$$= \left[\frac{a^4 y^2}{8} - \frac{a^2 y^4}{8}\right]_0^b = \frac{a^2 b^2}{8}(a^2 - b^2)$$

Example 4.11.2

次の積分を求めなさい.

$$\iint_D 2x^2 dxdy \quad (D : x^2 + y^2 \geqq 1, \ x - y + 2 \geqq 0, \ 0 \leqq x \leqq 1)$$

[Answer]

領域 D は直線 $x = 0$, $x = 1$, $y = x + 2$ および半円 $y = \sqrt{1 - x^2}$ で囲まれた領域（図 **4.11.5**）であるため

$$\iint_A 2x^2 dxdy = \int_0^1 x^2 \left(\int_{\sqrt{1-x^2}}^{x+2} 2ydy \right) dx$$

$$= \int_0^1 x^2 \left\{ (x+2)^2 - (\sqrt{1-x^2})^2 \right\} dx$$

$$= \left[\frac{2}{5}x^5 + x^4 + x^3 \right]_0^1 = \frac{12}{5}$$

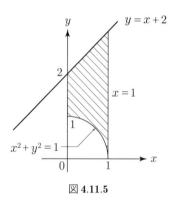

図 **4.11.5**

1. $u = x/(x^2 + y^2)$ のとき, u_x, u_y, u_{xy}, $u_{xx} + u_{yy}$ を計算しなさい.

2. 次の関数の極値を求めなさい.
$$z = x^4 - 2x^2y^2 + y^4 - 2x^2 - 2y^2$$

3. 円に内接する三角形で面積が最大になるものは正三角形であることを示しなさい.

4. 次の関数の極値を括弧内の条件のもとで求なさい.
$$z = x + y \quad (x^2 + y^2 = 1)$$

5. 次の積分を計算しなさい.

   (a) $\displaystyle\int_0^a \int_0^b xy(x + y)dydx$

   (b) $\displaystyle\int_0^\pi \int_0^{a(1-\cos\theta)} r^2 \sin\theta \, dr d\theta$

6. 次の積分を計算しなさい.

   (a) $\displaystyle\iint_S x^2 y \, dS \quad (S : x \geqq 0, \ y \geqq 0, \ x^2 + 4y^2 \leqq a^2)$

   (b) $\displaystyle\iint_S x^2 y^3 \, dS \quad (S : x^2 + y^2 \geqq 1, \ x - y + 2 \geqq 0, \ 0 \leqq x \leqq 1)$

7. 次の2重積分の積分順序を交換しなさい.

   (a) $\displaystyle\int_a^b dx \int_a^x f(x,y)dy$

   (b) $\displaystyle\int_0^a dx \int_{\sqrt{a^2-x^2}}^{(x+3a)/2} f(x,y)dy$

べき級数

A.1 無限級数

数列 $a_1 = a_2, \cdots, a_n, \cdots$ に対して，これらを順に加えたもの，すなわち

$$\sum_{n=1}^{\infty} a_n = a_1 + a_2 + \cdots + a_n + \cdots \tag{A.1.1}$$

を無限級数といいます．この無限級数の最初の n 項の和

$$S_n = a_1 + a_2 + \cdots + a_n \tag{A.1.2}$$

を部分和といいます．そして，部分和の極限値が有限確定値（S とする）をとるとき，すなわち

$$\lim_{n \to \infty} S_n = S \tag{A.1.3}$$

が成り立つとき，無限級数は収束する，そうでないときは発散するといいます．

例として無限等比級数（幾何級数）

$$1 + x + x^2 + \cdots + x^{n-1} + \cdots \tag{A.1.4}$$

を考えます．n 項までの部分和 S_n は $x \neq 1$ のとき

$$S_n = 1 + x + \cdots + x^{n-1} = \frac{1 - x^n}{1 - x}$$

となり，$x = 1$ のときは n になります．一方，

$$\lim_{n \to \infty} x^n$$

は，$|x| < 1$ のとき 0 に収束し，$|x| > 1$ のときは発散します．また $n = 1$ のときは部分和は n になるため発散し，$x = -1$ のときには n が偶数か奇数かに

よって，1または−1となります（振動して収束しません）．以上のことを総合すれば，式 (A.1.4) は $|x| < 1$ のとき収束して $1/(1 - x)$ になります．

（1）級数の性質

式 (A.1.1) で定義された級数には以下の諸性質があります．

1. 級数 (A.1.1) が収束してその和を S とすれば，級数 (A.1.1) の各項を定数倍 (c 倍) した級数

$$ca_1 + ca_2 + \cdots + ca_n + \cdots$$

も収束して和は cS になる．

2. 次の 2 つの級数が収束して和が A，B になるとする．すなわち，

$$\sum_{n=0}^{\infty} a_n = a_1 + a_2 + \cdots + a_n + \cdots = A$$

$$\sum_{n=0}^{\infty} b_n = b_1 + b_2 + \cdots + b_n + \cdots = B$$

とする．このとき，各項どうしの和または差からつくった級数も収束してそれぞれ $A+B$，$A-B$ となる．すなわち

$$\sum_{n=0}^{\infty} (a_n + b_n) = (a_1 + b_1) + (a_2 + b_2) + \cdots + (a_n + b_n) + \cdots = A + B$$

$$\sum_{n=0}^{\infty} (a_n - b_n) = (a_1 - b_1) + (a_2 - b_2) + \cdots + (a_n - b_n) + \cdots = A - B$$

3. 級数 (A.1.1) が収束するとき，級数から有限項を取り除いても，有限項を付け加えてもやはり収束する．

4. 級数 (A.1.1) が収束するためには $\lim_{n \to \infty} a_n = 0$ でなくてはならない（逆は必ずしも成り立たない）

たとえば 1. を示すには次のようにします．級数 (A.1.1) の部分和を S_n とすれば，級数が収束するため $n \to \infty$ のとき $S_n \to S$ となります．したがって

$$ca_1 + ca_2 + \cdots + ca_n = c(a_1 + c_2 + \cdots + c_n) = cS_n$$

は $n \to \infty$ のとき cS となります．また 4. については，$a_n = S_n - S_{n-1}$ において $n \to \infty$ とすれば，$S_n \to S$, $S_{n-1} \to S$ であるため $a_n \to 0$ になります．なお，4. の対偶から，a_n が 0 に収束しなければもとの級数は発散するといえます．

（2）正項級数

　級数の各項が正である級数を**正項級数**とよんでいます．正項級数の部分和 S_n は定義から単調増加であるため，S_n が上に有界ならば正項級数は収束します．また，正項級数が収束するか発散するかに対して次の判定法（ダランベールの方法）が知られています．

> 正項級数
> $$a_0 + a_1 + a_2 + \cdots + a_n + \cdots$$
> において，
> $$r = \lim_{n \to \infty} \left| \frac{a_{n+1}}{a_n} \right|$$
> とする．このとき $r<1$ ならば正項級数は収束し，$r>1$ ならば発散する．

　このことを示すには次のようにします．いま，$r<R<1$ を満たす R を選ぶとき，仮定から有限項を除いて
$$a_{n+1}/a_n < R \quad \text{すなわち} \quad a_{n+1} < Ra_n$$
が成り立ちます．数列の収束には上式を満たさない項が有限個あっても無関係であるため（級数の性質3.），上式はすべての n に対して成り立つと仮定することができます．この式から $a_n \le a_1 R^{n-1}$ $(n = 1, 2, \cdots)$ となりますが，$1 + R + R^2 + \cdots$ は $0<R<1$ で収束するため，級数の性質1. からもとの級数も収束します．また $r>1$ である場合，有限項を除いて $a_{n+1}/a_n > 1$，すなわち $a_{n+1} > a_n$ となります．このことから $\{a_n\}$ は $n \to \infty$ のとき 0 に収束しないので，もとの級数は発散します．なお，$r = 1$ のときは収束することもあるし，発散することもあります．
　次の判定法（コーシー・アダマールの方法）も有用です．

正項級数

$$a_0 + a_1 + a_2 + \cdots + a_n + \cdots$$

において,

$$r = \lim_{n \to \infty} (a_n)^{1/n}$$

とする. このとき $r<1$ ならば正項級数は収束し, $r>1$ ならば発散する.

なぜなら, $r<R<1$ を満たす R を選べば, 有限個の項を除いて

$$(a_n)^{1/n} < R \quad \text{すなわち} \quad a_n < R^n$$

であるため前と同じ論法が使えます.

さらに正項級数の収束の判定には以下の事実もよく使われます.

$$\sum_{n=0}^{\infty} a_n = a_0 + a_1 + a_2 + \cdots + a_n + \cdots \tag{A.1.5}$$

$$\sum_{n=0}^{\infty} b_n = b_0 + b_1 + b_2 + \cdots + b_n + \cdots \tag{A.1.6}$$

を正項級数とし, c を定数とした場合,

1. 各項に対して $b_n \leq ca_n$ のとき, 級数 $(A.1.5)$ が収束すれば級数 $(A.1.6)$ も収束し, $b_n \geq ca_n$ のとき級数 $(A.1.5)$ が発散すれば級数 $(A.1.6)$ も発散する.

2. $\lim_{n \to \infty} b_n/a_n = c$ とする. このとき, 級数 $(A.1.5)$ が収束すれば級数 $(A.1.6)$ も収束し, $c \neq 0$ で級数 $(A.1.5)$ が発散すれば級数 $(A.1.6)$ も発散する.

A.2 べき級数

数列と同じように関数の列 $f_1(x), f_2(x), \cdots$ を考えます. この関数列に x を ある値 a に固定して代入すると数列 $f_1(a), f_2(a) \cdots$ になるため, 関数列は数列 の一種として取り扱うことができます. いま a が区間 I 内の任意の 1 点とした とき, 数列 $f_1(a), f_2(a) \cdots$ が $f(a)$ に収束したとします. このとき, 関数列は 区間 I において $f(x)$ に収束するといいます.

関数列としてはいろいろなものが考えられますが，ここでは

$$f_n(x) = a_0 + a_1 x + a_2 x^2 + \cdots + a_n x^n$$

を取り上げます．この関数列で $n \to \infty$ としたもの，すなわち

$$\sum_{n=0}^{\infty} a_n x^n = a_0 + a_1 x + a_2 x^2 + \cdots + a_n x^n + \cdots \tag{A.2.1}$$

をべき級数とよびます．べき級数が指定された区間 I である関数 $f(x)$ に収束するかどうかは，もちろん係数 $a_0, a_1, \cdots$ の値に依存しますが，区間 I のとり方にもよります．このべき級数が収束する x の全体を収束域とよんでいます．以下，べき級数の性質をいくつか述べることにします．まず，

　　べき級数が $x = c \, (c \neq 0)$ において収束すれば，$|x| < |c|$ を満足する任意の x に対して，べき級数

$$\sum_{n=0}^{\infty} |a_n x^n| = |a_0| + |a_1 x| + |a_2 x^2| + \cdots + |a_n x^n| + \cdots$$

　　は収束する

このことは以下のようにして示すことができます．

仮定からべき級数が $x = c$ で収束するため，$n \to \infty$ のとき $a_n c^n \to 0$（級数の性質 4.）となります．したがって，$|a_n c^n| \leq M$ を満たす n によらない M が存在します．このことから，

$$|a_n x^n| = |a_n c^n| \left| \frac{x}{c} \right|^n \leq M \left| \frac{x}{c} \right|^n$$

が成り立つため

$$S_N = \sum_{n=0}^{N} |a_n x^n| \leq M \sum_{n=0}^{N} \left| \frac{x}{c} \right|^n$$

となります．$|x| < |c|$ すなわち $|x/c| < 1$ であれば $N \to \infty$ のとき右辺の等比級数は収束します．

このことから，べき級数はすべての x について収束する場合と，ある $R \geq 0$ があって，$|x| < R$ のとき収束，$|x| > R$ のとき発散する場合があり

ます．この R をべき級数の**収束半径**といいます．特にすべての x について収束する場合を $R = \infty$，$x = 0$ のときにだけ収束する場合を $R = 0$ とします．収束半径は

$$\lim_{n \to \infty} \left| \frac{a_{n+1}}{a_n} \right| = r \quad \text{のとき} \quad R = \frac{1}{r}$$

または

$$\varlimsup_{n \to \infty} |a_n|^{1/n} = r \quad \text{のとき} \quad R = \frac{1}{r}$$

から求めることができることができます．ただし $\lim$ の上のバーは**上極限**[*1]を示します．これは，前節で述べた正項級数に対するダランベールの方法またはコーシー・アダマールの方法をべき級数（ただし各項に絶対値つけたもの）にあてはめ，収束半径の定義を用いれば明らかです．

Example A.2.1

次のべき級数の収束半径を求めなさい．

$$(1) \sum_{n=1}^{\infty} \frac{x^n}{n^3} \qquad (2) \sum_{n=1}^{\infty} \frac{nx^n}{10^n}$$

[**Answer**]

$$(1) \frac{1}{R} = \lim_{n \to \infty} \frac{(n+1)^3}{n^3} = \lim_{n \to \infty} \left(1 + \frac{1}{n} \right)^3 = 1 \quad \text{より} \quad R = 1$$

$$(2) \frac{1}{R} = \lim_{n \to \infty} \frac{(n+1)10^n}{10^{n+1}n} = \lim_{n \to \infty} \frac{(1+1/n)}{10} = \frac{1}{10} \quad \text{より} \quad R = 10$$

[*1] 上極限とは，それを U とすると数列 $\{a_n\}$ に対し a_n より大きい a_n は存在しても有限個である一方，$\varepsilon > 0$ に対し $U - \varepsilon$ は無限個あることを意味します．計算は $\lim$ とほど同じです．

Example A.2.2

次のべき級数の収束半径を求めなさい.

$$(1) \sum_{n=1}^{\infty} n^{-n} x^n \qquad (2) \sum_{n=1}^{\infty} 4^n x^{2n}$$

[**Answer**]

$(1)\ \dfrac{1}{R} = \varlimsup_{n \to \infty} |n^{-n}|^{1/n} = \lim_{n \to \infty} n^{-1} = 0$　より　∞

$(2)\ \dfrac{1}{R} = \varlimsup_{n \to \infty} |a_n|^{1/n} = \lim_{n \to \infty} |a_{2n}|^{1/2n} = \lim_{n \to \infty} |4^n|^{1/2n} = 2$　より　2

べき級数はそれが収束する領域において項別に微分や積分ができるというきわだった性質をもっています. すなわち,

べき級数の収束半径を $R > 0$ としたとき, べき級数は区間 $(-R, R)$ で微分可能であり

$$\frac{d}{dx} \sum_{n=0}^{\infty} a_n x^n = \sum_{n=1}^{\infty} n a_n x^{n-1}$$

となる. そして, 右辺のべき級数の収束半径も R となる.

べき級数の収束半径を $R > 0$ としたとき, べき級数は区間 $(-R, R)$ で積分可能であり

$$\int_0^x \left(\sum_{n=0}^{\infty} a_n t^n \right) dt = \sum_{n=1}^{\infty} \frac{a_n}{n+1} x^{n+1}$$

となる. そして, 右辺のべき級数の収束半径も R となる.

なお, 証明は長くなるため省略します.

問題略解

Chapter 1

1. (a) $3^x = t$ とおくと
$$9^x = t^2$$
となるため $t^2 - 10t + 9 = (t-9)(t-1) = 0.$
したがって，$t = 3^x = 9$，$t = 3^x = 1$ より
$$x = 2, \quad x = 0$$

(b) $8^{2x+3} = (2^3)^{2x+3} = 2^{6x+9} = 2^{3x+5}$ より
$$6x + 9 = 3x + 5 \quad \text{すなわち } x = -4/3$$

(c) $3^x = a$，$3^y = b$ とおけば
$$a + b = 10/3, \quad ab = 1$$
となるため，a と b は $t^2 - (10/3)t + 1 = 0$ の解，3, 1/3. したがって，
$$(x, y) = (1, -1), (-1, 1)$$

2. (a) $\log_3 6 = \log 6 / \log 3 = (\log 3 + \log 2)/\log 3 = 1 + \log 2/\log 3$

$\log_5 10 = \log 10/\log 5 = (\log 5 + \log 2)/\log 5 = 1 + \log 2/\log 5$

$3/2 = 1 + 1/2 = 1 + \log 2/\log 4$

それぞれの式の最右辺の分母を比べることにより
$$\log_5 10 < 3/2 < \log_3 6$$

(b) $\log_2(x-1) + \log_2(5-x) = \log_2(x-1)(5-x)$ となるので，まず
$$y = (x-1)(5-x) = -(x-3)^2 + 4$$
の最大値を求めます．したがって，最大値は $x = 3$ のとき
$$\log_2 4 = 2$$

3. (a) $\dfrac{1}{2}\sin x + \dfrac{\sqrt{3}}{2}\cos x = \sin\dfrac{\pi}{6}\sin x + \cos\dfrac{\pi}{6}\cos x = \cos\left(x - \dfrac{\pi}{6}\right) = 1$
より，
$$x - \pi/6 = \cdots - 2\pi, 0, 2\pi, 4\pi, \cdots$$
となりますが $0 \leqq x < 2\pi$ より
$$x = \pi/6$$

(b) $1 - \cos x = 2\sin^2(x/2)$

$1 + \cos x = 2\cos^2(x/2)$

$\sin x = 2\sin(x/2)\cos(x/2)$

より

$$\frac{1 - \cos x + \sin x}{1 + \cos x + \sin x} = \frac{2\sin^2(x/2) + 2\sin x/2 \cos x/2}{2\cos^2(x/2) + 2\sin x/2 \cos x/2} = \frac{\sin(x/2)}{\cos(x/2)} = \tan\frac{x}{2}$$

4. (a) 図 **B.1** より $\pi/2$

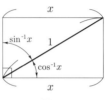

図 **B.1**

(b) $\tan(a+b) = (\tan a + \tan b)/(1 - \tan a \tan b)$ において $a = \tan^{-1}x$, $b = \tan^{-1}(1/x)$ とします．$\tan a \tan b = x \times (1/x) = 1$ より分母は 0 になるため，$\tan(a+b) = \infty$，すなわち

$a + b = \pi/2$

(c) 前問と同じく与式の正接（tan）を計算すれば $\{(1/2) + (1/3)\}/\{1 - (1/6)\} = 1$ となるため

$\pi/4$

5. (a) $y = (e^x + e^{-x})/2$, $e^x = t$ とおけば $t^2 - 2yt + 1 = 0$ となります．これから $t = y \pm \sqrt{y^2 - 1}$ となるため，

$$x = \log(y \pm \sqrt{y^2 - 1}),\ \ x と y を入れかえて\ \ y = \log(x \pm \sqrt{x^2 - 1})$$

(b) 前問と同様に $y = (e^x - e^{-x})/(e^x + e^{-x})$, $e^x = t$ とおけば

$t^2 = (1 + y)/(1 - y)$

となり，これから

$x = (1/2)\log\{(1 + y)/(1 - y)\}$

$x と y を入れかえて\ \ y = (1/2)\log\{(1 + x)/(1 - x)\}$

Chapter 2

1. (a) $\displaystyle\lim_{x\to 2}\frac{x^2-3x+2}{x^2+4x-12}=\lim_{x\to 2}\frac{(x-2)(x-1)}{(x-2)(x+6)}=\lim_{x\to 2}\frac{x-1}{x+6}=\frac{1}{8}$

(b) 与式 $\displaystyle=\lim_{x\to 0}\frac{(a^2+x^2)-(a^2-x^2)}{x^2(\sqrt{a^2+x^2}+\sqrt{a^2-x^2})}=\lim_{x\to 0}\frac{2}{\sqrt{a^2+x^2}+\sqrt{a^2-x^2}}$

$\displaystyle=\frac{2}{2a}=\frac{1}{a}\quad (a>0)$

(c) $\sin^{-1}x=t$ とおくと $x=\sin t$ で $x\to 0$ のとき $t\to 0$. したがって,

与式 $\displaystyle=\lim_{t\to 0}\sin t/t=1$

2. $f(x)=x^2-\cos x$ とおけば $f(0)<0,\ f(1)>0$. したがって中間値の定理から $f(x)=0$ を満たす x が 0 と 1 の間にあります.

3. (a) $y'=3(x+1/x)^2(1-1/x^2)$

(b) $y'=3(2x^2+3)^2\cdot 4x(3x+1)^2+(2x^2+3)^3 2(3x+1)\cdot 3$
$=6(2x^2+3)^2(3x+1)(8x^2+2x+3)$

(c) 両辺の対数をとれば $\log y=e^x\log x$. これを微分して
$y'/y=e^x(1/x)+e^x\log x$ したがって $y'=(\log x+1/x)e^x x^{\exp x}$

(d) $y'=\dfrac{1}{x+\sqrt{1+x^2}}\left(1+\dfrac{2x}{2\sqrt{1+x^2}}\right)=\dfrac{1}{\sqrt{1+x^2}}$

(e) $y'=\dfrac{\cos^{-1}x}{\sqrt{1-x^2}}+\dfrac{x}{\sqrt{1-x^2}}\left(-\dfrac{1}{\sqrt{1-x^2}}\right)$
$+x\cos^{-1}x\left(-\dfrac{1}{2}\right)(1-x^2)^{-3/2}(-2x)-\dfrac{x}{1-x^2}$
$=\dfrac{\cos^{-1}x}{\sqrt{1-x^2}(1-x^2)}-\dfrac{2x}{1-x^2}$

4. (a) $y'=2(x-2)(x-3)+(x-2)^2=(x-2)(3x-8)$
$x=2,\ 8/3$ のとき $y'=0$. $x=2$ のとき極大値 0. $x=8/3$ のとき極小値 $-4/27$

(b) $y'=\dfrac{(2x+3)(x^2-3x+2)-(2x-3)(x^2+3x+2)}{(x^2-3x+2)^2}=\dfrac{-6x^2+12}{(x^2-3x+2)^2}$
$x=\pm\sqrt{2}$ のとき $y'=0$. 極大は $x=\sqrt{2}$ のとき
$(4+3\sqrt{2})/(4-3\sqrt{2})=-17-12\sqrt{2}$
極小は $x=-\sqrt{2}$ のとき
$(4-3\sqrt{2})/(4+3\sqrt{2})=-17+12\sqrt{2}$

5．(a) $f(-x) = -f(x)$ より奇関数なので $x \geqq 0$ について考えます．$y' = (1-x^2)/(x^2+1)^2$ なので $x = 1$ のとき極大値 $1/2$，また $y > 0$ で $x \to \infty$ のとき $y \to 0$．なお変曲点 $(0,0)$ $(\pm\sqrt{3}\pm\sqrt{3}/4)$

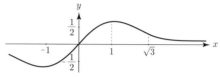

図 B.2

(b) $y = x^4 - 4x^3 + 4x^2$, $y' = 4(x^3 - 3x^2 + 2x) = 4x(x-1)(x-2)$；$x = 0$, $x = 2$ のとき $y = 0$（極小），$x = 1$ のとき $y = 1$（極大）

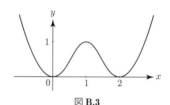

図 B.3

6．(a) $y' = -(1-x)^{-1}$, $\quad y'' = -(1-x)^{-2}$, $\quad y^{(3)} = -2!(1-x)^{-3}$
$y^{(4)} = -3!(1-x)^{-4}$, $\quad \cdots$
であるため
$$y(0) = 0, \quad y'(0) = -1, \quad y''(0) = -1, \quad y^{(3)}(0) = -2!$$
$$y^{(4)}(0) = -3!, \quad \cdots$$
したがって，テイラー展開の公式から
$$y = -x - x^2/2 - x^3/3 - x^4/4 - \cdots$$

(b) $\dfrac{1}{3 - 4x + x^2} = \dfrac{1}{(3-x)(1-x)} = \dfrac{1}{2}\left(\dfrac{1}{1-x} - \dfrac{1}{3-x}\right)$
$= -\dfrac{1}{2}\left(\dfrac{1}{1+(x-2)} + \dfrac{1}{1-(x-2)}\right)$
$= -\left\{1 - (x-2) + (x-2)^2 - \cdots + 1 + (x-2) + (x-2)^2 + \cdots\right\}/2$
$= -1 - (x-2)^2 - (x-2)^4 - \cdots$
または
$$\dfrac{1}{3 - 4x + x^2} = -\dfrac{1}{1 - (x-2)^2} = -1 - (x-2)^2 - (x-2)^4 - \cdots$$

Chapter 3

1. (a) $\displaystyle\int x^3(x-2)^2 dx = \int x^3(x^2-4x+4)dx = \dfrac{x^6}{6} - \dfrac{4}{5}x^5 + x^4 + C$

 (b) $\displaystyle\int \dfrac{x^2}{x^2+9}dx = \int \left(1 - \dfrac{3\cdot(1/3)}{1+(x/3)^2}\right)dx = x - 3\tan^{-1}\dfrac{x}{3} + C$

 (c) $\displaystyle\int \dfrac{1}{9x^2-4}dx = \dfrac{1}{9}\int\left(\dfrac{1}{x-2/3} - \dfrac{1}{x+2/3}\right)\dfrac{3}{4}dx$

 $\displaystyle\qquad\qquad = \dfrac{1}{12}\log\left|\dfrac{3x-2}{3x+2}\right| + C$

2. (a) $1/(x^2-3x+2) = 1/(x-2) - 1/(x-1)$ と変形して，
 $\quad I = \log((x-2)/(x-1)) + C$

 (b) $1/(x^3+1) = (1/3)(1/(x+1) - (x-2)/(x^2-x+1))$

 $\displaystyle\qquad\qquad = \dfrac{1}{3}\dfrac{1}{x+1} - \dfrac{1}{6}\dfrac{2x-1}{x^2-x+1} + \dfrac{1}{2}\dfrac{1}{(x-1/2)^2 + (\sqrt{3}/2)^2}$

 $\displaystyle\quad\int \dfrac{dx}{x^3+1} = \dfrac{1}{3}\log|x+1| - \dfrac{1}{6}\log(x^2-x+1) + \dfrac{1}{\sqrt{3}}\tan^{-1}\dfrac{2x-1}{\sqrt{3}} + C$

 (c) $x = 1+t$ とおくと被積分関数は
 $\quad ((t+1)^3+1)/((t+1)t^3) = 2/t + 1/t^2 + 2/t^3 - 1/(t+1)$
 となります．したがって，
 $\quad I = 2\log|t| - t^{-1} - t^{-2} - \log(t+1) + C$
 $\quad\ = 2\log|x-1| - \log|x| - 1/(x-1) - 1/(x-1)^2 + C$

3. (a) $\sin x = t$ とおくと $dt = \cos x\, dx$

 $\displaystyle\quad\int \cos^3 x\,dx = \int(1-t^2)dt = t - \dfrac{t^3}{3} + C = \sin x - \dfrac{\sin^3 x}{3} + C$

 (b) $\displaystyle\int \dfrac{\cos^3 x}{\sin^2 x}dx = \int \dfrac{1-t^2}{t^2}dt = -\dfrac{1}{t} - t + C$

 $\displaystyle\qquad\qquad = -\dfrac{1}{\sin x} - \sin x + C \quad (t = \sin x\ とおきます)$

 (c) $\tan(x/2) = t$ とおきます．

 $\displaystyle\quad\int \dfrac{\sin x\,dx}{1+\sin x} = \int \dfrac{2t/(1+t^2)}{1+2t/(1+t^2)}\cdot\dfrac{2}{1+t^2}dt = 2\int\left(\dfrac{1}{1+t^2} - \dfrac{1}{(1+t)^2}\right)dt$

 $\displaystyle\qquad\qquad = 2(\tan^{-1}t + 1/(1+t)) = x + 2/(1+\tan(x/2)) + C$

4. (a) $\sqrt{(x-1)/(x+1)} = t$ とおくと

$$x = (1+t^2)/(1-t^2), \quad dx = 4t dt/(1-t^2)^2$$

ここで

$$\frac{4t^2}{(1-t^2)^2} = -\frac{1}{1+t} + \frac{1}{(1+t)^2} - \frac{1}{1-t} + \frac{1}{(1-t)^2} + C$$

$$\int \frac{4t^2 dt}{(1-t^2)^2} = -\log|1+t| - \frac{1}{1+t} + \log|1-t| + \frac{1}{1-t}$$

$$= \log\left|\frac{1-t}{1+t}\right| + \frac{2t}{1-t^2} = \log\left|x - \sqrt{x^2-1}\right| + \sqrt{x^2-1} + C$$

(b) $\sqrt{x-1} = t$ とおくと

$$\int \frac{dx}{x + \sqrt{x-1}} = \int \frac{2t dt}{t^2 + t + 1} = \int \frac{(2t+1)dt}{t^2+t+1} - \int \frac{dt}{(t+1/2)^2 + (\sqrt{3}/2)^2}$$

$$= \log(t^2 + t + 1) - \frac{2}{\sqrt{3}} \tan^{-1} \frac{2t+1}{\sqrt{3}}$$

$$= \log|x + \sqrt{x-1}| - \frac{2}{\sqrt{3}} \tan^{-1} \frac{2\sqrt{x-1}+1}{\sqrt{3}}$$

5. (a) $e^x = t$ $(x = \log t)$ とおくと $dx = dt/t$

$$I = \int \frac{1}{t^3 - 3t} \frac{dt}{t} = \frac{1}{3}\left(\frac{1}{2\sqrt{3}} \int \frac{dt}{t - \sqrt{3}} - \frac{1}{2\sqrt{3}} \int \frac{dt}{t + \sqrt{3}} - \int \frac{dt}{t^2}\right)$$

$$= \frac{1}{6\sqrt{3}} \log \frac{e^x - \sqrt{3}}{e^x + \sqrt{3}} + \frac{1}{3e^x}$$

(b) $e^x = t$ $(dx = dt/t)$, $\sqrt{t-1} = y$ $(dt = 2y dy)$ とおくと

$$I = \int \frac{\sqrt{t-1}}{t} dt = \int \frac{y \cdot 2y}{y^2 + 1} dy = 2\int\left(1 - \frac{1}{1+y^2}\right) dy$$

$$= 2(y - \tan^{-1} y) + C$$

$$I = 2(\sqrt{e^x - 1} - \tan^{-1}\sqrt{e^x - 1}) + C$$

(c) $\log x = t$ とおくと $dx = e^t dt$

$$I = \int t^2 e^{2t} dt = \frac{1}{2} t^2 e^{2t} - \int t e^{2t} dt = \frac{t^2}{2} e^{2t} - \frac{t e^{2t}}{2} + \frac{e^{2t}}{4}$$

$$= x^2(2(\log x)^2 - 2\log x + 1)/4$$

6. (a) $\displaystyle\int_0^1 \frac{1}{x^2 + 1} dx = \left[\tan^{-1} x\right]_0^1 = \frac{\pi}{4}$

(b) $\displaystyle\int_0^1 \frac{2x+1}{x^2 + x + 1} dx = \left[\log(x^2 + x + 1)\right]_0^1 = \log 3$

7. (a) $\cos x = t$, $dt = -\sin x\,dx$, $x = 0$ のとき $t = 1$, $x = \pi/2$ のとき $t = 0$

$$\int_0^{\pi/2} \frac{\sin x}{1 + \cos^2 x}\,dx = \int_1^0 \frac{-dt}{1 + t^2} = \int_0^1 \frac{dt}{1 + t^2} = \frac{\pi}{4}$$

(b) $t = \tan(x/2)$ とおくと $\cos x = (1 - t^2)/(1 + t^2)$, $dx = 2dt/(1 + t^2)$, $x = 0$ のとき $t = 0$, $x = \pi/2$ のとき $t = 1$

$$\int_0^{\frac{\pi}{2}} \frac{1}{5 + 3\cos x}\,dx = \int_0^1 \frac{1}{5 + 3(1 - t^2)/(1 + t^2)}\frac{2dt}{1 + t^2} = \int_0^1 \frac{dt}{4 + t^2}$$
$$= \frac{1}{2}\left[\tan^{-1}\frac{t}{2}\right]_0^1 = \frac{1}{2}\tan^{-1}\frac{1}{2}$$

8. (a) $x = \pi/2 - t$ とおくと

$$\int_0^{\pi/2} \cos^n x\,dx = \int_{\pi/2}^0 \sin^n t(-dt) = \int_0^{\pi/2} \sin^n t\,dt$$

(b) $\int \cos^{n-1} x \cos x\,dx = \sin x \cos^{n-1} x + (n - 1)\int \sin x \cos^{n-2} x \sin x\,dx$
$$= \sin x \cos^{n-1} x + (n - 1)\int \cos^{n-2} x(1 - \cos^2 x)\,dx$$

(c) $I_n = \dfrac{n-1}{n} \cdot \dfrac{n-3}{n-2} \cdots \dfrac{4}{5}\dfrac{2}{3}I_1(n:\text{奇数})$ ただし, $I_1 = \displaystyle\int_0^{\pi/2} \sin x\,dx = 1$

$I_n = \dfrac{n-1}{n} \cdot \dfrac{n-3}{n-2} \cdots \dfrac{3}{4}\dfrac{1}{2}I_0(n:\text{偶数})$ ただし, $I_0 = \displaystyle\int_0^{\pi/2} dx = \dfrac{\pi}{2}$

Chapter 4

1. $u_x = \dfrac{x^2 + y^2 - 2x^2}{(x^2 + y^2)^2} = \dfrac{y^2 - x^2}{(x^2 + y^2)^2}$, $u_y = \dfrac{-2xy}{(x^2 + y^2)^2}$

   同様にして
   $$u_{xy} = \frac{2y(3x^2 - y^2)}{(x^2 + y^2)^3}$$
   $$u_{xx} + u_{yy} = \frac{2x(x^2 - 3y^2)}{(x^2 + y^2)^3} - \frac{2x(x^2 - 3y^2)}{(x^2 + y^2)^3} = 0$$

2. $z_x = 4x(x^2 - y^2 - 1)$
   $z_y = 4y(y^2 - x^2 - 1)$
   $z_{xx} = 4(3x^2 - y^2 - 1)$
   $z_{yy} = 4(-x^2 + 3y^2 - 1)$
   $z_{xy} = -8xy$
   となります.

   $z_x = z_y = 0$ より $(x, y) = (0, 0), (\pm1, 0), (0, \pm1)$
   さらに, $D = z_{xy}{}^2 - z_{xx}z_{yy}$ とおけば $(x, y) = (0, 0)$ のとき

$$D = 0 - (-4) \times (-4) = -16\,(<0),\ z_{xx}(0,0) = -4\,(<0)$$

であるため極大値 0，$(x, y) = (0, \pm 1)$ のとき $D = 0 - 4 \times (-2) \times 4 \times 2 > 0$ で鞍点.
$(\pm 1, 0)$ のとき $D = 0 - 4 \times 2 \times 4 \times (-2) > 0$ より鞍点.

3. 円の中心を O，半径を a，内接三角形を $\triangle$ ABC，面積を S，$\angle$AOB $= 2x$，$\angle$BOC $= 2y$ とおきます（x, y は鋭角とします）．このとき，$\triangle$ AOB の面積は

$$a^2 \sin x \cos x = \frac{a^2}{2} \sin 2x$$

となり，同様に $\triangle$ BOC，$\triangle$ COA の面積を考えて加え合わせれば $\triangle$ ABC の面積 S は

$$S = (a^2/2)\{\sin 2x + \sin 2y - \sin 2(x+y)\}$$

となり，$S_x = S_y = 0$，$x = y = \pi/3$ のとき最大値になります．すなわち正三角形.

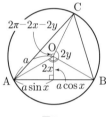

図 **B.4**

4. $f = x + y + \lambda(x^2 + y^2 - 1),\quad f_x = 1 + 2\lambda x,\quad f_y = 1 + 2\lambda y$

$1 + 2\lambda x = 1 + 2\lambda y = 0 \to x = y$

$x = y$ かつ $x^2 + y^2 = 1$ より $x = y = 1/\sqrt{2} \to x + y = \sqrt{2}$

5. (a) $I = \int_0^a \left[\frac{x^2 y^2}{2} + \frac{xy^3}{3}\right]_0^b dx = \int_0^a \left(\frac{b^2 x^2}{2} + \frac{b^3 x}{3}\right) dx = \left[\frac{b^2 x^3}{6} + \frac{b^3 x^2}{6}\right]_0^a$

$= \dfrac{a^3 b^2 + a^2 b^3}{6}$

(b) $I = \int_0^\pi \left[\frac{r^3}{3}\right]_0^{a(1-\cos\theta)} \sin\theta\, d\theta = \frac{a^3}{3} \int_0^\pi (1-\cos\theta)^3 d(1-\cos\theta)$

$= \dfrac{a^3}{12}\left[(1-\cos\theta)^4\right]_0^\pi = \dfrac{4}{3}a^3$

6. (a) $I = \int_0^a x^2 dx \int_0^{\sqrt{a^2-x^2}/2} y\, dy = \int_0^a x^2 \left[\frac{y^2}{2}\right]_0^{\sqrt{a^2-x^2}/2} dx$

$= \int_0^a \dfrac{x^2(a^2-x^2)}{8} = \dfrac{a^5}{60}$

(b) 図 4.11.5 を参照して

$$
\begin{aligned}
I &= \int_0^1 x^2 dx \int_{\sqrt{1-x^2}}^{x+2} y^3 dy = \frac{1}{4}\int_0^1 \left[y^4 \right]_{\sqrt{1-x^2}}^{x+2} x^2 dx \\
&= \frac{1}{4}\int_0^1 \left\{ (x+2)^4 - (1-x^2)^2 \right\} x^2 dx \\
&= \frac{1}{4}\int_0^1 (8x^5 + 26x^4 + 32x^3 + 15x^2)dx = \frac{293}{60}
\end{aligned}
$$

7.

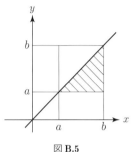

図 **B.5**

(a) 図 **B.5** より,

$$
I = \int_a^b dx \int_a^x f(x,y)dy = \int_a^b dy \int_y^b f(x,y)dx
$$

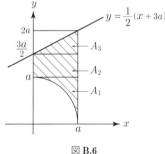

図 **B.6**

(b) 図 **B.6** より,

$$
\begin{aligned}
&\int_0^a dx \int_{\sqrt{a^2-x^2}}^{(x+3a)/2} f(x,y)dy \\
&= \int_{A_1} f(x,y)dxdy + \int_{A_2} f(x,y)dxdy + \int_{A_3} f(x,y)dxdy \\
&= \int_0^a dy \int_{\sqrt{a^2-y^2}}^a f(x,y)dx + \int_a^{3a/2} dy \int_0^a f(x,y)dx \\
&\quad + \int_{3a/2}^{2a} dy \int_{2y-3a}^a f(x,y)dx
\end{aligned}
$$

Index

あ

1次関数　*4*
陰関数表示　*29*

か

下端　*58*
関数　*1*
関数列　*95*
ガンマ関数　*65*
幾何級数　*41*
奇関数　*4*
逆関数の微分法　*28*
逆三角関数　*13*
極限値　*16*
極小値　*32*
極大値　*32*
偶関数　*4*
区間　*19*
グラフ　*2*
原始関数　*44*
高階導関数　*32*
合成関数　*25*
合成関数の微分法　*26*
項別積分　*41*
項別微分　*41*
コーシー・アダマールの方法　*94*

さ

最大値・最小値問題　*36*
指数関数　*6*
指数法則　*6*
自然対数　*7*
周期関数　*4*
収束域　*96*
収束半径　*97*
従属変数　*1*
主値　*14*
上端　*58*

常用対数　*7*
剰余項　*38*
正弦関数　*10*
正項級数　*94*
正接関数　*12*
積分可能　*58*
全微分　*79*
双曲線関数　*9*
増減表　*35*

た

第1種広義積分　*63*
対数関数　*7*
対数微分法　*30*
第2種広義積分　*65*
多変数のテイラー展開　*76*
ダランベールの方法　*94*
値域　*2*
置換積分　*46*
中間値の定理　*20*
超越数　*7*
定義域　*2*
定積分　*58*
底の変換公式　*8*
テイラー級数　*38*
テイラー展開　*38*
テイラーの定理　*36*
導関数　*22*
独立変数　*1*

な

2階導関数　*31*
2項定理　*40*
2項展開　*41*
2次関数　*4*
2倍角の公式　*12*

は

半角の公式　　*12*

微分係数　　*21*

不定積分　　*44*

部分積分　　*48*

部分分数　　*50*

部分分数分解　　*51*

平均値の定理　　*33, 60*

平均変化率　　*21*

べき級数　　*96*

偏導関数　　*72*

偏微分　　*73*

偏微分係数　　*72*

ま

マクローリン級数　　*39*

マクローリン展開　　*39*

マクローリンの定理　　*38*

無限級数　　*92*

無限等比級数（幾何級数）　　*92*

無理関数　　*5, 53*

や

有理関数　　*50*

余弦関数　　*10*

ら

リーマン和　　*58*

累次積分　　*89*

連続　　*19*

連続関数　　*19*

ロルの定理　　*32*

【著者紹介】

河村 哲也 (かわむら てつや)
お茶の水女子大学 大学院人間文化創成科学研究科　教授 (工学博士)

コンパクトシリーズ 数学　微分・積分

2020 年 3 月 30 日　初版第 1 刷発行

著　者　河　村　哲　也
発行者　田　中　壽　美

発 行 所　インデックス出版
〒 191-0032　東京都日野市三沢 1-34-15
Tel 042-595-9102　Fax 042-595-9103
URL：http://www.index-press.co.jp

Printed in Japan　　ISBN978-4-910058-00-9 C3041　　　乱丁，落丁本はお取替えいたします.